后石油时代的设计

　　尽管对能够减少石油使用的设计策略的需求在不断增长，但是至今还没有人将后石油时代全世界一流设计师的作品汇集到一处。而《后石油时代的设计》这本书则第一次将这些作品汇聚到一起。

　　读者将了解到工业设计、建筑、交通运输、电子、服装等领域最流行、最具创意、不用塑料和不含石油的产品和项目。《后石油时代的设计》探讨了客户和消费者需求背后的动机，并分享了正在满足这一需求的后石油时代全世界一流设计专家的案例研究、原则、最佳实践、风险和机遇。书中介绍了世界各地40位有影响力的人物，例如，埃本·拜耳，美国的一位创新人士，其公司Ecovative正在用蘑菇"种"房子；穆罕默德·巴·阿巴，他的陶制罐中罐正在尼日利亚帮助那里用不上电的家庭在酷热难耐的夏天为农产品保鲜；梅赛德斯–奔驰先锋设计中心的工程师，他们研制出由DNA培育而成的Biome概念车。

　　《后石油时代的设计》为设计人员提供了研究、评价和选择材料、技术和设计策略所需的信息，以满足对可持续设计、不用塑料的材料和过程节能的日益增长的需求。设计师简介、研究、统计数据，以及许多彩色插图都突出了作品——随处可见的一些最佳的设计作品，并在这里得以首次集中展出。

　　乔治·埃尔文（George Elvin）是Gone Studio的创办人，该公司开创了后石油时代设计，即生产过程不用塑料、不产生废弃物、不用电。他的设计出现在探索频道、《Macworld》杂志、Treehugger网站以及50多个其他绿色设计媒体上。作为40多部（篇）书籍和文章的作者，他的绿色设计和技术的作品由劳特利奇出版社、威利出版社和普林斯顿建筑出版社等出版。他曾经担任伊利诺伊大学建筑系的助理教授和爱丁堡大学的访问学者。他目前是印第安纳州波尔州立大学建筑系的副教授。

"对于那些想知道我们到底是如何建立起我们的塑料经济，以及我们如何能摆脱这一困局的人来说，《后石油时代的设计》是一本必备读物。乔治•埃尔文很好地将历史回顾、技术数据和有说服力的自己的设计经验融入一个引人入胜的故事，当中还包括可以指导行动的设计原则。《后石油时代的设计》令人备受鼓舞，它是一本有用的技术参考资料，是我最喜欢的一类书籍！"

埃本•拜耳，美国Ecovative公司首席执行官和联合创始人

"乔治•埃尔文的书没有在揭示了我们正走在自我毁灭的道路上这一事实后就止步不前，而是继续分享了实实在在的解决方案。有着许多不同文化背景的人们所做的项目和所付出的努力，无论规模大小，证明我们——不管身处世界的哪一个角落——都可以做出改变。"

肯尼思•库博克，菲律宾家居品牌肯尼思•库博克的所有者

后石油时代的设计

【美】 George Elvin 著

吴小菁 译

电子工业出版社
Publishing House of Electronics Industry
北京 · BEIJING

版权贸易合同登记号 图字：01-2016-4614

图书在版编目（CIP）数据

后石油时代的设计 ／（美）乔治·埃尔文（George Elvin）著；吴小菁译. — 北京：电子工业出版社，2016.12
书名原文：Post-Petroleum Design

ISBN 978-7-121-30424-8

Ⅰ.①后… Ⅱ.①乔… ②吴… Ⅲ.①设计—研究 Ⅳ.①TB21

中国版本图书馆CIP数据核字（2016）第286632号

策划编辑：胡先福
责任编辑：胡先福
文字编辑：刘　晨
印　　刷：三河市兴达印务有限公司
装　　订：三河市兴达印务有限公司
出版发行：电子工业出版社
　　　　　北京市海淀区万寿路173信箱　邮编 100036
开　　本：720×1000　1/16　印张：16.5　字数：369千字
版　　次：2016年12月第1版
印　　次：2016年12月第1次印刷
定　　价：78.00元

凡所购买电子工业出版社图书有缺损问题，请向购买书店调换。若书店售缺，请与本社发行部联系，联系及邮购电话：（010）88254888，88258888。

质量投诉请发邮件至zlts@phei.com.cn，盗版侵权举报请发邮件至dbqq@phei.com.cn。

本书咨询联系方式：电话（010）88254201；信箱hxf@phei.com.cn；QQ158850714；AA书友会QQ群118911708；微信号Architecture-Art

- 目　录 -

第三部分

后石油时代的设计

第六部分
后石油时代的生活

- 插图目录 -

面研究所尤其如此，那里的研究人员正在用传统的喷墨打印机，把纸变成三维导电结构。A）未经处理的纸鹤；B）在起催化作用的墨水中浸泡过的纸鹤；C）煅烧后的纸鹤；D）煅烧后的纸鹤涂上了铜；E）导电纸成品。图片由约翰·威利父子出版公司提供。

- 自 序 -

"这场爆炸让人大吃一惊",一位幸存者这样说道。目击者称他们看到了35英里以外的火球。当我看到新闻报道有关英国石油公司位于墨西哥湾的"深水地平线"钻井平台爆炸事件的时候,我的心牵挂着那些受事件影响的人和其他的海洋生物。但是,坦白讲,我有其他更私人和更有意义的事要做。我人生的大部分时间是用来设计建筑,但是现在,我正在开启一项新的冒险事业——将带我去往后石油时代的设计的未知世界。

事情还要从一张折叠纸说起。受我当时10岁大的儿子玩折纸的启发,我正在为iPad设计一款独特的保护套。就在这个夏天的早上,我坐在餐厅里,仔细思考塑料样板的设计。而厨房的电视里还在不停地大声播报墨西哥湾原油泄漏事件,说有数百万加仑的石油从"深水地平线"钻井平台流入了墨西哥湾,并对环境造成了严重破坏。这件事触动了我。我怎么能够将更多的石油基塑料带到这个世界上呢?我觉得自己像可怕的犯罪行为的帮凶。我知道我的生活离不开塑料,但是就在那时,就在那里,我下定决心,如果我要把一件新产品带到这个世界上来,我要做到不用塑料。

也就在那时,Gone Studio诞生——一家致力于设计和制作能让人们心里舒服的产品的公司。现在,5年多过去了,我们不仅做到了不用塑料,而且在我们所有的生产过程中,我们还做到了不产生废弃物,甚至是零能耗。我们致力于进行后石油时代的设计,并建立一个比此前那个依赖石油而创建起来的世界更干净、更健康的世界。

在我因为墨西哥湾原油泄漏事件而有了后石油时代的设计这一意外发现之后,我拿起为iPad保护套设计的所有塑料样板,并把它们丢到了分类回收桶里。我曾经短暂地想过用再生塑料制作保护套,但是我很快发现,回收利用过程可能会消耗许多能源,对工人有害,并排放大量二氧化碳。我还得知,那些贴上"用回收材料制作"标签的产品,只有极少数是100%用回收材料制成的。我甚至发现一些号称"用回收材料制作"的iPad保护套,只使用了10%的回收材料。

带着我对塑料回收利用过程新的认知,我开始寻找能替代塑料的理想材料,来制作我的iPad保护套。几乎没有天然材料能为电脑提供必要的保护,但是在对棉、竹纤维甚至是麻进行调查研究之后,我决定用羊毛毡。没有比羊毛更天然的了。绵羊长毛来保暖，你把毛剪掉，它们会再长出新的毛。我在心里想着那些绵羊的样子，并将这一画面与塑料生产过程——从我们的地球中抽取不可再生的化石燃料并产生副作用（如墨西哥湾漏油事件）——相比较。我知道我做的决定是对的。

随着我的创意的形成，我的后石油时代的设计也在同步展开。我还开始意识到，全世界和我有着一样的使命感的设计师还有很多。罗宾•贝尔斯托克，iZen Bamboo公司的共同所有人，邀请我为她公司的竹制键盘设计和制作不用塑料的羊毛保护套；埃本•拜耳，用蘑菇菌丝体制作Ecovative包装的创造者之一，在参加达沃斯会议期间与我讨论这本书；还有迈克•拉韦基亚和布拉德•安德森，木制冲浪板公司（Grain Surfboards）的联合创始人——他们利用与波音公司制造飞机机翼一样的技术来制作他们的木制冲浪板——从他们在缅因州的公司打来电话，与我交谈了一个多小时。

但是我与后石油时代的设计界人士接触得越多，越让我感到惊讶的是，这些设计师并不总是互相了解，或者意识到贯穿他们工作的、不用塑料的后石油时代这一主题。因此，在我继续进行我自己的设计工作的同时，我也在构思这本书。书中讲述了全世界的后石油时代设计师的故事——如今为创建一个少用石油和塑料的世界而工作的设计师们。

在世界各地，有越来越多的人正开始关注石油及其带来的影响，并将目光投向新的选择。这一运动的规模各有不同，从主要汽车制造商研发可生物降解的车辆，到个人拒绝在超市使用塑料袋。政府也在采取行动。这些政府、企业和个人行动的共同之处在于，致力于通过后石油时代的设计和技术，来减少对石油的依赖。政府认识到，后石油时代的设计能够保证能源独立和能源安全；企业也正在采用后石油时代的设计，意在通过对环境做对的事来赢得消费者的忠诚；消费者出于对地球和子孙后代健康的考虑，也需要后石油时代的设计。

下面的篇幅充满了各种各样的想法，将这些不同的人和项目集结到一项运动之中，旨在改变我们创建世界的方式。设计师将看到，他们的富有创意的同行是如何在各个领域——从电子产品到建筑——使用不含石油的材料来提出大胆的创新设计。商人们将学习如何在少用塑料、少消耗能源和少产生废弃物的前提下生产产品。甚至那些设计和商业领域之外的人们，也可以在欣赏服装、包装、汽车等领域的创新设计之后，因为这些意外发现而大开眼界。

《后石油时代的设计》对他们取得的成功表示赞赏，并且第一次将他们的作品融入一个动听的故事。在书中，你将走遍全球，探访设计工作室、前沿实验室和偏远的乡村，在这些地方，后石油时代的设计师正在利用一切材料——从竹子到生物塑料——塑造一个更好的未来。乡土传统技艺、工业化生产，甚至是最新的纳米技术，都可以带领我们冲破对不可再生资源的依赖，而它们的神秘面纱现在正被后石油时代的设计揭开。

在书中，你将和我一起踏上后石油时代设计的旅程，我希望与你分享当我发现先锋人士遵循的一些共同原则时的喜悦之情。这些原则代表了设计界和商界的一种新的文化，然而它们也是大自然本身固有的法则。许多关于绿色设计和可持续商业的书籍支持基于自然的原则，但是这本书，就像我的旅程一样，则有所不同。我发现了一帮志同道合、拥有共同兴趣的设计师，然后才开始认识到他们遵循的原则。这些原则是大自然固有的法则，这一发现具有深远的意义。它给了我希望，即我们可以突破目前基于石油的思维定式，并减轻气候变化、有毒废弃物和污染带来的威胁。这是一项艰巨的任务，但是我们看到，世界各地的设计界的领军人物已经开始接受这一挑战。拥有改变世界和改变我们的居住方式的能力，后石油时代的设计就是新的石油。

- 致 谢 -

　　如果没有书中那些设计师的存在，就没有这本书的存在。是他们的工作和他们的奉献促使我写成这本书。我希望这本书能帮助他们了解，许多志同道合的创意人士怎样以相似的方式在工作，以塑造前方的世界。我还想要感谢两位影响了我30多年的设计师——斯科特·康斯特布尔和迈克·海伊。书中优秀的线条画出自玛丽亚·梅萨之手。最后，对劳特利奇出版社的高级建筑编辑弗兰·福特和编辑助理格雷斯·哈里森致谢。在我心目中，劳特利奇出版社是最好的出版社，并且弗兰从一开始就支持这个项目。格雷斯指导本书（和本人）的稿件撰写。文字编辑丽丝·道恩对文字进行了仔细打磨，而制作编辑阿兰娜·唐纳森监督排版，这才有了你们在这里看到的文字和图片的组织形式。

　　梅格、杰克、安妮，谢谢你们，你们是我做任何事情的动力来源。

　　我还想要感谢从事石油、塑料和相关领域工作的所有善良的人们。这本书并不是指责他们或者他们的工作；而是关于机会的探索，即设计和生产产品能带给我们石油和塑料带给我们的所有好处，而又不会让我们对环境和健康产生担忧。我们都会成为后石油时代的设计师，这一进程可能比我们预想的要快。石油、塑料和相关领域的大多数从业者意识到这一点，并且正在展开行动，在石油让他们的生意关门大吉之前，寻找更清洁、更有益健康的替代产品。

　　最后，我想要感谢你们。不管你们对石油和塑料以及它们的使用持怎样的态度，我很高兴你们能花时间，更深入地探讨这些问题。无论你是设计师还是从事其他行业，我祝你取得好成绩，并希望你从下面的章节中获得灵感和启发。

- 前 言 -

在地球上发现的所有物质中，没有什么比石油带给我们的影响更大。我们用石油改变了我们的生活，也改变了生命赖以生存的大气。我们烧掉的每一桶油向大气释放了近1000磅二氧化碳，并且随着二氧化碳浓度的增加，全球变暖也在加剧。石油曾经赐予了我们改变地球的力量，现在却威胁到生活在地球上的所有生物的健康。但是，在一个依靠石油维系生产生活的世界上，缩减产量谈何容易。[1]

一桶石油所包含的能量抵得上一个人从事十余年的手工劳动，因此有些人担心，如果没有石油，意味着我们又会回到探得石油之前辛苦工作的状态。其实大可不必如此悲观。我们可以创造一个后石油时代的世界，有很多好的产品供应，不逊于石油带给我们的那些产品，而又不会像石油那样产生负面效应。但是，在我们能够创建这样的一个世界之前，我们必须首先对它进行设计。我们不能等到油井枯竭或者大气变得过热的时候才开始行动。到那时，我们会发现自己是一颗濒临灭亡的星球上的过客，因为消极作为、行动迟缓，以致无力扭转不受控制的气候造成的混乱局面。

但是，设计一个后石油时代的世界绝非易事。它需要我们重新思考如何生产产品，用什么样的材料生产产品，以及如何运送产品——我们如何为整个经济提供动力。清洁能源，如太阳能和风能，是可行的选择，像乙醇这样的替代燃料也是一样，但是这还不够。仅仅是塑料的生产每年就消耗25亿桶石油。它还产生20亿吨二氧化碳，这足以让全球气候变化成为常态，即使我们今天转而使用清洁能源和生物燃料也是如此。我们需要改变我们的生产方式，这涉及所有产品——我们的小汽车，我们的住宅，我们每天使用的产品，我们享用的所有石油基便利物品——并且我们需要为此制订一个明确的计划。[2]

这个计划就是后石油时代的设计，以这种新的方式设计和生产产品，使用的石油要少得多。它已经在世界各地的设计工作室、工厂和实验室初具雏形。在这些地方，后石油时代的设计师正在为未来打造替代产品，而不是任由其被石油弄得一团糟。运用新材料、最先进的技术和最古老的智慧，这些先锋人士正在努力工作，以塑造后石油时代的未来。但是，在我们能够理解后石油时代的意义之前，我们需要了解我们究竟是如何变得如此依赖石油的。

注 释

1   U.S. Environmental Protection Agency, "Carbon Dioxide Emissions Coefficients," February 14, 2013, www.eia.gov/environment/emissions/co2_vol_mass.cfm

2   U.S. Environmental Protection Agency, "Inventory of U.S. Greenhouse Gas Emissions and Sinks: 1990–2012," April 2014, www.epa.gov/climatechange/ghgemissions/usinventoryreport.html

第一部分

石油及其影响

第 1 章

石油的黄金时代

疯狂的 "鸭子的蠢行"

今天，宾夕法尼亚州西北部的小山因为煤炭的条带开采和削山开采活动而变得伤痕累累。但是，150年前，那里是一片荒地。黑熊和狼在树林里悠闲地漫步，渴了就停下来喝山间清冽的溪水。埃德温•德雷克上校和他的勘探队员们正是沿着其中的一条溪流攀爬，寻找石油。那年是1858年，年轻的美国正在快速崛起，凭借着似乎无穷无尽的自然资源供应，追随英国的脚步，发起了本国的工业革命。从宾夕法尼亚州西北部的小山中开采出来的煤为火车机车和船只提供动力，让美国一路成长为全球强国，但是，煤并不容易获得。在条带开采和削山开采之前，深井开采是唯一的办法，而这是很危险且成本高昂的。

但是，德雷克和他的伙伴们正在寻找的不是煤。他们关注的是下一件了不起的宝物，一种每磅包含的能量比煤多66%的燃料。他们寻找的是石油，在宾夕法尼亚州西北部有丰富的储量，在一些地方，地面被渗出的石油覆盖。因为从地下涌出的石油被带到了下游，一些溪水的水面上长期漂流着一层浮油，闪耀着彩虹般的光泽。难怪德雷克会选择沿着其中的一条小溪追根溯源，这条小溪被称作"石油溪"。

他们拖着沉重的脚步沿着树木繁茂的溪岸缓慢前行，他的队员们携带一种以前从未被用于石油勘探的钻井工具。在德雷克之前，人们只收集地面的石油，就像宾夕法尼亚州西北部散布的那些。但德雷克寻求的是更大的目标。他和他的队员们正拖着木材、管子和螺旋钻，用来制作一种钻井工具，这种工具当时仅被采盐工人使用，从地下抽取盐水。没有人想过要大费周折地钻探石油。但是，随着这个新兴国家对于燃料需求的激增，美国塞内卡石油公司雇佣德雷克，尝试他的看起来有些自以为是的新计划。

最初，钻井工作开展得并不顺利，以至于有人给钻机起了个绰号，叫"鸭子的蠢行"，并取笑德雷克上校是"疯狂的鸭子"。但是，德雷克笑到了最后。1859年，他和他的队员们在69英尺深处钻出了石油。一波新的"黑金热"来袭，

图1.1："鸭子的蠢行"
美国的第一口油井有69英尺深。今天的井深可以超过7英里。图片由德雷克油井博物馆、宾夕法尼亚州历史与博物馆委员会提供。

很快，石油钻机在宾夕法尼亚州西北部成了抢手货。忽然间，美国拥有了大胆的、新的动力源来支持它向西的扩张，并且供应似乎和需求一样源源不绝。挡在他们面前的障碍物只有一个。德雷克和其他人发现的原油在其天然状态下几乎无法使用，而在19世纪60年代，几乎没有炼油厂。

但是，一个富有冒险精神的年轻人，看到了石油在支持国家向西扩张中所具有的潜在价值。这个狗皮膏药售卖商的儿子注意到，南北战争期间，煤炭的价格上涨了50%，并发现石油是一个可行的替代物。他还发现了在宾夕法尼亚州的油井和向西扩张对能源不断增长的需求之间存在的空白：炼油厂。1862年，只有21岁的他开始集聚资源，购买克利夫兰的一处小型炼油厂，该厂位于新建的"大西洋和大西部铁路"沿线，这条铁路将连接起宾夕法尼亚州的油田和美国西部。到1865年，炼油厂被他收入囊中，并且在6年时间里，他和他的合伙人掌控了克利夫兰所有的炼油厂。8年后，美国生产的每10桶石油中，有9桶被运到他的炼油厂进行提炼。到1890年，标准石油公司成了世界上最富有的公司之一，而这位年轻人，约翰·D·洛克菲勒，成为这个国家首位亿万富翁——依靠石油而建立起来的财富。

为美国梦提供燃料

石油是怎么在仅仅30年后，就从"鸭子的蠢行"变成世界上最赚钱的商品的？答案或许可以在德国的一家自行车商店里找到。1885年，就在约翰·D·洛克菲勒成为世界上最富有的人的时候，卡尔·本茨正在对他的新发明——一辆"以汽油为燃料的汽车"——进行最后的修饰。一开始汽车的销售缓慢，因为除了本茨，没有人把汽油看作一种燃料。事实上，他的第一批顾客不得不到药房去买汽油，在那里汽油被当作一种清洁产品出售。但是，到了19世纪末，本茨的工厂每年制造500多辆汽车。4年间，销量突破了3500辆。

但是，汽油并不是这一新的交通工具的唯一动力源。1906年，美国人弗雷德•马里奥特驾驶一辆斯坦利蒸汽赛车，创造了每小时127英里的陆上速度纪录，而"斯坦利"是美国方兴未艾的汽车工业最受欢迎的车型之一。只有哥伦比亚汽车公司及其制造的电动汽车，在销量上超过了斯坦利。但是蒸汽车不需要插座（1906年的时候还很鲜见）或者停靠在加油站。驾车者只需要将车停在一个供马饮水的饮水槽边，用虹吸管将他们需要的水吸出来就可以了。但是，蒸汽车取得的成功却让它成为受害者。街道上的汽车越来越多，意味着马越来越少，随之而来的是饮水槽数量的减少。很快，找一座补给站比如今找一个电动汽车充电站还要难。

但是，不仅仅是这个国家逐渐消失的饮水槽导致了蒸汽动力车和电动汽车的没落。虽然斯坦利和哥伦比亚在康涅狄格州和马萨诸塞州的制造厂让东北部成为美国汽车工业的中心，但是，来自密歇根州的一位前锯木厂经营者正辛勤工作，研制另一种动力源。1908年，他和他的合伙人投入28000美元，开办了一家新公司，制造以汽油为燃料的小汽车，希望能与斯坦利和哥伦比亚相抗衡。到1916年，在他们的福特汽车公司，每年有将近50万辆小汽车下线。他们的T型汽车的售价不到400美元，而斯坦利蒸汽车的价格几乎是其10倍，哪种燃料将主宰世界的汽车市场，结论不言自明。

虽然从长期来看，抵制会被证明是徒劳无益的，但是，后来的许多年里，其他的、通常更高效的燃料继续在美国的交通运输中扮演重要的角色。甚至亨利•福特早期设计的小汽车以乙醇为燃料，并称之为"未来的燃料"。电力是另一种选择，使用它的不是小汽车，而是公共交通。直到1920年，公共交通都还是这个国家出行的首选，如果你从小汽车川流不息的城市街道向上看，你会看到头顶上有轨电车的电线。但是，对于石油和汽车公司来说，这些有轨电车抢走了它们的顾客。1936年，两条主要的公共汽车线路，利用通用汽车、标准石油、菲利浦石油等公司的投资，开始对全国范围内的有轨电车系统进行收购。它们扯掉了架在空中的电线，拆除了轨道，并丢弃了电车。最终，通用汽车和其他公司将会被判企图垄断取代了有轨电车的公共汽车的销售，但是损害已经是既成事实——以汽油为燃料的公共汽车和小汽车战胜了公共交通、电动车和蒸汽动力车。[1]

图1.2：斯坦利蒸汽赛车
1906年，弗雷德•马里奥特驾驶一辆斯坦利蒸汽赛车，创造了每小时127英里的陆上速度纪录，当时蒸汽动力汽车、电动汽车和以汽油为燃料的汽车在为争夺世界道路的支配权而一较高下。图片由《科学美国人》杂志提供。

图1.3：有轨电车和"无轨电车"
二战时期，巴尔的摩的通勤者匆忙追赶一辆有轨电车（左）和一辆以汽油为燃料的"无轨电车"（现在更通俗的叫法是公共汽车）。图片由美国国会图书馆提供；摄影：玛乔丽·柯林斯。

　　到1960年，美国人开车出行的总英里数是乘坐公共交通工具的13倍。距离德雷克在宾夕法尼亚州西北部的小山中首次钻出黑金已经过去了100年，如今，7000多万辆以汽油为燃料的车辆在美国的道路上行驶。小汽车在数量上远远多过了独栋住宅，它们之间的比值超过10：1，小汽车取代住宅，成为新的"美国梦"。对于汽车和石油工业来说，梦想已经实现。通用汽车公司是美国最大的公司，福特汽车公司排名第二，埃索石油公司——现在被称为埃克森美孚，是标准石油公司被美国最高法院判决违反反垄断法而在1911年被勒令拆分后成立的一家公司——位居第三。四个轮子的美国梦建立在汽油之上，而这些超大公司事实上控制了整个国家。但是，20世纪70年代初发生的一件事促使我们思考，当为美国梦补给燃料的管道开始枯竭的时候，会怎样呢？[2]

注　释

1　Wood, John Cunningham and Wood, Michael C., eds., *Alfred P. Sloan: Critical Evaluations in Business and Management*, London: Routledge, 2003.

2　U.S. Census Bureau, "Statistical Abstract of the United States: 2012," www.census.gov/history/pdf/12s1101.pdf

－ 第 2 章 －

石油的耗尽

石油峰值

"——个离不了石油的国家，一旦石油供应不足，后果将不堪设想"，这是美国石油组织1972年发出的警告。美国石油组织的担心有充分的理由：两年前，也就是1970年，美国的石油产量——自从德雷克们钻出第一口油井以来，一直位居世界之首——开始下降。而更糟糕的是，美国对石油的需求却在增加，1950年至1970年，消费量翻了一倍。随着消费量的上升和国内供应的下滑，石油进口量大幅增加。但是，依靠进口石油来实现美国梦，被证明是有很大风险的。

1973年夏天，十几岁的我百无聊赖地坐在父母旅行轿车的后座上，而车子在排队等着加汽油。我们可能要等几个小时，而因为有时限定只能购买10加仑，这意味着不久我们又将加入排队的大军。到了年末，由于阿拉伯石油输出国组织实行石油禁运，国内的石油供应出现短缺，价格高企。经济形势变得如此严峻，以至于尼克松总统不得不宣布将全国范围内车辆的最高行驶速度限制在每小时50英里。"50就是节约"的公益广告很快从困在加汽油队伍中的小汽车的收音机里传出来。一年之内，每5座加油站中就有1座闹起了汽油荒，而其余加油站的油价几乎涨了一倍。

图2.1：石油禁运之后等待加汽油的车队
1973年，由于石油输出国组织的阿拉伯成员国实行石油禁运，加油的车辆排起了长龙，美国市民第一次尝到缺油的生活的滋味。图片由美国国会图书馆提供；摄影：沃伦·K·莱弗勒。

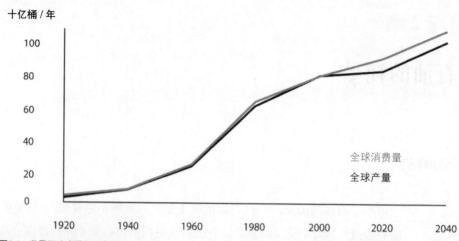

十亿桶 / 年

图2.2：世界石油产量和消费量

现在我们消耗的石油比我们生产的要多，在未来几年，供需之间的缺口预计将继续扩大。插图由玛丽亚·梅萨绘制。

　　在那之后，汽油价格又增长了一倍。但是我们还需要担心石油短缺的问题吗？难道我们不是总能找到更多的石油？这是因为技术一直在进步，而且还有未探明的储量。多亏有了海上油井和非常规石油储量（如页岩油），美国能源信息署（EIA）在一份预测报告中称，未来几年，全球原油产量将会增加。石油的拥护者们马上将此视为一个信号，那就是我们再也不用担心石油会耗尽了。然而，预测报告还指出，2020年后，全球原油产量将越来越难以满足全球的需求。发表在《能源政策》期刊上的一项研究提到，常规石油和非常规石油产量的峰值将在2016年到来；但是该刊物上的另一项研究则认为，非常规石油产量将在2080年左右达到峰值。两项研究之间的差异表明，预测石油还有多久会被用光是很困难的。[1]

从天然气峰值中吸取的教训

　　我的家在印地安纳州的曼西市，在离我家不远的地方，曾经有一座煤矿。1876年，采煤工人在地下600英尺处进行打孔作业，不知他们钻到了什么东西，只听一声巨响，爆炸发生了。一些工人以为他们触怒了鬼怪，连忙把洞堵上，并逃离了矿井。8年后，一家公司听说在俄亥俄州发现了天然气之后，重新打开矿井，往更深的地方钻探。在地下约1000英尺深处，他们发现了天然气，这里后来被称为"特伦顿天然气田"。它被证明是国内最大的天然气田，面积达2500平方英里。烟气顺着井道上升，当它们被点燃时，火光冲天，在15英里外的地方都能看到。

天然气的储量如此丰富，当地居民将它点燃，用于照明和采暖。新的城镇应运而生，迅速发展，以支持随之而来的工业繁荣——如"天然气城"和"加斯顿"。曼西成功地把"波尔兄弟玻璃生产公司"——著名的波尔玻璃罐的生产商——从纽约州的布法罗吸引过来，并承诺有无限的、免费的天然气供其使用。城镇和公司都过于乐观，它们以为天然气是取之不尽的，于是点燃了"火把"，直通地下气田的天然气管昼夜不停地冒出燃烧的火焰。由于这样的和其他的浪费做法，开采出来的每10立方英尺天然气中，就有9立方英尺的天然气没有得到利用。

天然气耗尽的速度如此之快，以至于地下气田的压力迅速下降，到1902年，天然气繁荣不再。距离开始钻采仅仅过去了不到20年，印第安纳州中部看似无穷的、容易获取的天然气已经被开采殆尽。使用天然气的企业要么搬走，要么关闭，经济元气大伤，至今尚未复兴。

特伦顿天然气田的产量在1900年达到峰值，到1915年，产量下降了95%。印第安纳州已经"没气了"。就像100年前印第安纳州中部蕴藏的天然气一样，今天的石油供应也是有限的。差别在于在全球范围内，我们已经找不到别的地方开采，也没有别的储量可供我们挥霍了。

图2.3：曼西天然气闪耀的火光
印第安纳州面积达2500平方英里的特伦顿气田的天然气储量在1889年似乎很丰富，以至于"火把"不分昼夜尽情燃烧。到1915年，气田的天然气产量下降了95%。图片由弗兰克·莱斯利的《插图报》提供。

我们什么时候会用完石油？很难给出一个准确的时间。目前，全世界正在加紧行动，寻找新的石油来源和从现有储量中多"挤出"一些。全球和国内石油产量都在增加。但是现在的"黑金热"仅仅意味着，我们以比以往更快的速度使用一种有限资源，并且我们"淘尽"它的速度也快得多。即使我们每天烧掉近9000万桶油，还有人提出，如果我们改进目前的石油钻探和开采方法，节约使用剩余的石油，或者寻找替代燃料，我们就可以阻止石油峰值的到来。这些措施可以帮助我们延缓不可避免的石油枯竭吗？节约使用是一个办法。如果我们可以收敛一些，改掉每天烧掉9000万桶油的习惯，毫无疑问，我们可以让世界石油供应持续更长的时间。主要有三种节约使用的策略：法规、税收和更高的价格。首先，我们来看看更高的油价，因为在不久的将来，我们要担心的不是石油的枯竭，而是每加仑10美元的汽油价格。

每加仑10美元的汽油价格

不幸的是，像我这样的人不住在大城市，不能乘坐公共交通工具。

（意大利通勤者科斯坦扎·卡佩利，关于支付每加仑9.50美元汽油钱的看法）

2012年夏天，和其他的意大利人一样，科斯坦扎·卡佩利正在抱怨汽油的价格，因为已经涨到了每加仑9.50美元。油价这么高，平均每户意大利家庭的燃料支出超过了食品支出。不出所料，那年夏天的汽车销量下降了20%。尽管油价涨了，但是意大利人的燃料消费只减少了不到10%。米兰、罗马和那不勒斯有将近1/3的通勤者称，油价上涨丝毫没有让他们改变开车出行的习惯。[2]

在美国，二战后开车出行一直稳步增加，而到了2008年，驾车者开始减少开车。但是，美国交通部和美国能源信息署的专家预测，未来几年，开车出行将重新呈现上升的趋势，并且在短期内将维持这一走势。与意大利的驾车者一样，面对上升的油价，美国的驾车者似乎比较淡定。即使在2011年，当汽油价格快达到每加仑4美元时，1/4的美国人仍然表示，涨价不会影响他们的出行计划。与此同时，公共交通工具的乘客人数只增加了不到5%。事实上，缺乏便利的公共交通，是我们在油价上涨时仍要开车出行的主要原因，住在托斯卡纳乡村的科斯坦扎·卡佩利就属于这种情况。[3、4]

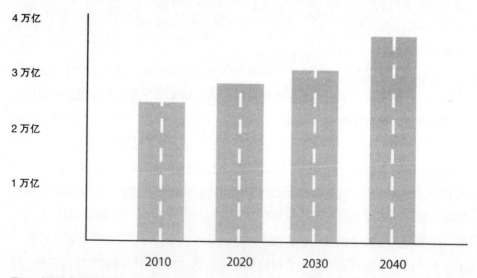

图2.4：轻型汽车行驶里程
尽管经济衰退，油价高企，美国人开车出行反而更多了。插图由玛丽亚·梅萨绘制。

我们在油价不断上涨时仍坚持开车出行的另一个原因是基础设施的需要。20世纪五六十年代修建的州际公路系统给骑自行车者和行人制造了不能穿过的障碍，使得数百万美国人被隔离，以致无法步行或者骑自行车，并且也没有足够的公共交通。难怪在美国乘客道路出行总英里数的统计中，公共交通只占了不到2%。[5]

面对出行，不管距离是近还是远，我们开车不一定是因为我们想这么做，而是因为我们觉得我们不得不这么做。正如能源专家罗伯特•赫希所说，

> 创建一个不过度依赖液体燃料的世界是一个很好的想法，最终，这也将成为现实，因为我们正逐渐耗尽液体燃料，不管是已经有的，还是将要从煤炭、页岩或者其他来源中获取的。问题是我们现在拥有依赖液体燃料的庞大的基础设施。我们都有车，我们用卡车和火车运送食品，我们坐飞机去往各地，等等。而改变基础设施需要很多时间，因为这些机械设备有很长的使用寿命，并且需要投入大量资金。

缺少出行选择和为小汽车而建立的"柏油国家"意味着，许多可能不想开车的人觉得他们必须开车，不管油价还会涨多高。所有这些因素使得自愿的节约使用不太可能显著降低石油消费量。[6]

国家出台节约利用的法规

即使在加油站要支付更多油钱，都不能让我们减少开车，那么政府能不能通过出台更严格的、提高燃油效率的法规来强制推行节约利用的措施呢？这样做已有先例，1973年石油禁运事件发生之后，联邦政府规定对全国范围内的车辆实行限速（每小时55英里），并公布了公司平均燃油经济性标准（CAFE）。但是自从这些节约利用的措施生效以来，美国石油消费量增长了1倍多，说明政府法规并不会使石油消费量自动削减。

汽车制造商似乎对采用CAFE标准的积极性也不高。全国汽车经销商协会提出，更严格的燃油经济性标准会使一部新车的价格增加5000美元。通用汽车、福特和克莱斯勒的高层在2007年警告国会，更严格的标准"会毁了国内汽车工业"。但是，虽然更严格的燃油经济性标准看起来不是强制性的节约利用措施，它们也

没有摧毁汽车或石油工业。2011年，美国四家最大的公司中，有三家是石油公司，它们的600亿美元利润超过了一些国家的国内生产总值。未来几年，这些公司可能会继续对要求达到更高燃油效率的法律提出反对。[7, 8]

税收的失效

> 7月，一个炎热的下午。你的空调让室内保持在凉爽的79度；你正在用一台50英寸的平板电视看球赛；你还在洗一堆衣服。电脑屏幕上忽然出现一个光点，提示你的房子正在消耗过多的能源。接着，恒温器自动调到84度，电视自动关闭且直到傍晚才会打开，洗衣机或干衣机天黑以后才会再次开始工作。

> （布莱恩·萨斯曼，"'老大哥'的下一个目标：你的车"）[9]

一说到政府法规和税收，一些人就会联想到这样的场景。但是如果更严格的联邦法规不能使石油消费量减少，征更高的税就能达到目的吗？2011年，当加利福尼亚州政府把汽油税提高一倍，从每加仑17.3美分提到35.3美分时，有人提出了这一问题。但是，汽油税增加后，加州市民有没有减少开车？有，但是有一个前提。他们在增税前的6个月里开车出行已经比前一年同期减少了1.7%，大多数专家将此归因于经济衰退。"如果这事发生在经济增长时期，那么确实值得大书特书"，石油价格信息服务公司首席石油分析师汤姆·克洛萨这样说道。"我们可以称赞政府有领导能力，我们可以表扬那些购买节油车辆的先进个人。但是，我认为这在很大程度上是一个征兆，即那些靠薪水生活的人的日子不太好过。"[10]

《廉洁石油时代终结后的世界》一书的合著者劳利·帕尔塔宁注意到欧洲工业的石油消费也有同样的趋势。他说："石油消费减少，部分原因是更低的油耗，用替代方式为住宅供暖，以及采取其他节能措施。但是，考虑到受欧债危机冲击的许多国家仅仅几年之后石油需求量就减少了约1/3，我认为石油消费减少的主要原因是经济出现了问题。"[11]

尽管经济衰退使许多人的收入减少，但是平均每户美国家庭每年的汽油费超过4000美元。事实上，我们在交通上的支出（包括燃料）比其他任何生活支出（住房除外）都要多。可能那句古老的格言——我们真正需要的是食物、衣物和庇护所——应该改为，我们的支出按从多到少排序依次是庇护所、汽车和食物。[12]

把油价推得更高的联邦汽油税真的更有效吗？未必。美国国会预算办公室估计，如果要让汽油消费减少10%，每加仑要多收46美分汽油税。考虑到联邦汽油税自1993年以来就没有增加过，汽油税显著提高的可能性非常小。

崛起的巨人，萎缩的石油

石油消费减少的速度没有价格上升和产量下降的速度快，还有一个原因：来自工业化国家的不断增长的需求。"过去"，《华尔街日报》的记者拉塞尔•戈尔德这样写道：

> 当美国驾车者减少开车，全球石油需求就会萎缩，价格也会下跌。而经过一段低迷期之后，较低的价格会帮助经济重整旗鼓——或者至少不再下行。但是许多石油专家相信，这一次，这样的剧情不会上演，因为美国驾车者不再是主导者，中国、印度、巴西甚至沙特阿拉伯等快速工业化的经济体才是。

仅中国现在每天消耗的石油就比十年前多了400多万桶。[13]全球石油需求由经合组织（OECD）以外的国家决定，这不是未来的远景，而是今天的现实。2014年，非经合组织国家使用的液体燃料第一次超过了经合组织国家。仅亚洲的石油消耗速率就十分惊人，在过去20年间，增长了一倍多。[14]

十亿桶 / 年

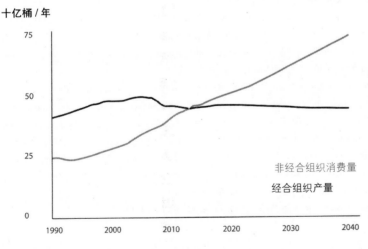

图2.5：经合组织和非经合组织液体燃料使用预测
当经合组织国家（美国、英国、德国、日本以及30个其他国家）的石油使用进入平台期，快速发展的非经合组织国家（如中国、巴西和印度）使用量的大幅增加推高了全球消费量。插图由玛丽亚•梅萨绘制。

世界石油消费正日益增长，丝毫没有减速的迹象。英国石油公司预计，到2030年，全球能源需求将增长40%，其CEO鲍勃•达德利称，"这一增加量相当于一个多中国和一个多美国的需求量。差不多所有的增量——更准确地说是增量的96%——预计将来自新兴经济体，而其中超过一半将来自中国和印度"。我们能否生产足够的石油，来应对需求40%的增长？世界石油产量不断增长，但是我们对石油的需求增长得更快。美国能源信息署估计，到2040年，全球每年的石油消费量将会比产量多出50多亿桶，主要原因是非经合组织国家的石油消耗正在快速增加。[15, 16]

尽管有税收、法规和涨价，全球液体燃料使用量仍继续攀升。当我们考虑了工业化国家大幅增加的消费时，节约利用措施的效果就越发显得微不足道。但是，即使节约利用措施起不了作用，我们能不能找到更多石油、钻得更深或者研发新的技术，将未利用的几十亿桶储量开采出来？如果我们能做到的话，我们就不必为寻找替代能源或者后石油时代的解决方案（如少用塑料）而烦恼了——我们可以维持现状，继续做一个"依赖石油的国家"。

注　释

1　U.S. Energy Information Administration, "International Energy Outlook 2014," Report, Washington, DC, 2014, www.eia.gov/forecasts/ieo/more_overview.cfm; Guseo, Renato, "Worldwide Cheap and Heavy Oil Productions: A Long-term Energy Model," *Energy Policy*, Volume 39, Issue 9 (2011): 5572–5577; Moore, S.H. and Evans, G.M., "Long Term Prediction of Unconventional Oil Production," *Energy Policy*, Volume 38, Issue 1 (2010): 265–276.

2　Vasarri, Chiara, and Ebhardt, Tommaso, "Italians Squeezed by \$9.50-a-Gallon Gas Face Costly Drive," *Bloomberg News*, August 31, 2012, www.bloomberg.com/news/2012-08-30/italians-squeezed-by-9-50-a-gallon-gas-face-costly-drive-home.html; Bowman, Zach, "You Think Gas Prices are Bad Here, Italians are Paying \$9.50/gal," Autoblog, September 6, 2012, www.autoblog.com/2012/09/06/you-think-gas-prices-are-bad-here-italians-are-paying-9-50-gal/

3　U.S. Public Interest Research Group, "A New Direction: Our Changing Relationship with Driving and the Implications for America's Future," Report, Washington, DC, 2013, 2.

4　Martin, Hugo, "Despite High Gas Prices, Southern Californians Plan to Hit the Road Over Memorial Day Weekend," *Los Angeles Times*, May 24, 2011, http://articles.latimes.com/2011/may/24/business/la-fi-memorial-day-20110525; Helman, Christopher, "America's Most Gas-Guzzling Cities," Forbes.com, June 10, 2011, www.forbes.com/sites/christopherhelman/2011/05/10/americas-biggest-and-least-gas-guzzling-cities/

5　U.S. Bureau of Transportation Statistics, "National Transportation Statistics," Table 1-40: U.S. Passenger-Miles, 2012, www.rita.dot.gov/bts/sites/rita.dot.gov.bts/files/publications/national_transportation_statistics/html/table_01_40.html www.fhwa.dot.gov/pressroom/fhwa1103.cfm

6　U.S. Energy Information Administration, "International Energy Outlook 2014."

7   Ramsey, Mike, "Car Dealers Oppose New Fuel Economy Standards," Wall Street Journal Blog, January 17, 2012, http://blogs.wsj.com/drivers-seat/2012/01/17/car-dealers-oppose-new-fuel-economy-standards/

8   Thomas, Ken, "Auto Execs Discuss Mileage With Congress," *Washington Post* Online, June 6, 2007, www.washingtonpost.com/wp-dyn/content/article/2007/06/06/AR2007060600306_pf.html

9   Sussman, Brian, "Big Brother's Next Car: Your Car," americanthinker.com, April 24, 2012, www.americanthinker.com/2012/04/big_brothers_next_target_your_car.html

10 White, Ronald, "California Motorists Leading the Way on Using Less Gasoline," *Los Angeles Times*, http://articles.latimes.com/2011/oct/01/business/la-fi-california-gas-20111002

11 Partanen, Rauli, "Peak Oil Demand or Peak Oil Supply?" kaikenhuippu.com, September 9, 2014, http://kaikenhuippu.com/2014/09/09/peak-oil-demand-or-peak-oil-supply/

12 "Missing $4,155? It Went Into Your Gas Tank This Year," cnbc.com, December 19, 2011, www.cnbc.com/id/45727242; U.S. Bureau of Labor Statistics, "Consumer Expenditure Survey," 2014, www.bls.gov/cex/

13 Gold, Russell, "Drivers Cut Back on $4 Gas," *Wall Street Journal* Online, April 28, 2011, http://online.wsj.com/articles/SB10001424052748703367004576289292254881456

14 U.S. Energy Information Administration, "International Energy Outlook 2014."

15 Dudley, Bob, "Energy Outlook 2030," Speech at release of report, London, January 18, 2012, www.bp.com/en/global/corporate/press/speeches/energy-outlook-20300.html

16 U.S. Energy Information Administration, "International Energy Outlook 2014."

第3章

想要开采更多

"钻吧，宝贝，钻吧"

> 等到石油供应出现短缺，恐怕我们连哭都来不及。而且我们在增加新的产量的问题上面临巨大的挑战。
>
> （克里斯多夫·德·马尔热里，欧洲第三大石油公司道达尔的CEO）[1]

"钻吧，宝贝，钻吧"，是我们耳熟能详的句子，说这话的是那些相信更多的钻探和开采活动将增加供应和延迟石油峰值到来的人。他们认为，新技术将帮助我们探出蕴藏在油页岩、沥青砂和近海地区中的储量。随着常规石油日渐减少，非常规石油或致密油的吸引力与日俱增。仅北美地区的储量就可能超过中东地区剩余的所有常规石油储量。卡内基基金会发布的一份报告预测，到2040年，供应的将近一半的石油将是非常规石油。[2,3]

致密油回采技术的确很先进，但是我们不知道从长期来看它们能发挥多大的作用，或者它们会对环境造成什么影响。我们只知道，非常规石油的开采成本要多得多——每桶比常规石油多出30～80美元。每座油田的开采成本动辄数十亿，这在如今已经很常见，因为石油工业设法在更深、更多岩石和更难接近的位置寻

百万美元

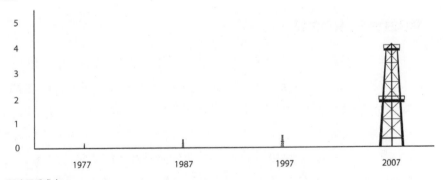

图3.1：石油开采成本
本世纪的头十年，每台石油钻井设备的价格已经翻了2番还多。插图由玛丽亚·梅萨绘制。

找石油。例如，欧洲第三大石油公司道达尔最近斥资46亿美元，开发一座新的油田，即距离西非海岸83英里的达利亚油田。在过去的6年间，与之前的6年相比，排名前50位的石油和天然气公司的国内钻井成本已经翻了一倍。[4, 5, 6]

"容易开采的、相对同质的石油已经快要开采完了"，卡内基基金会发布的报告《了解非常规石油》（Understanding Unconventional Oil）的作者总结道，"许多专家称廉价石油时代可能也快要终结了"。对环境的影响也会更大。"因为要提升产量，以满足全球对高价值石油产品不断增长的需求"，他们继续写道，"非常规石油很可能提炼出更多的重烃，需要更多的加工工序和添加剂，并产生更多的含碳量高的副产品"。美国国会研究处发布的一份调查报告列举数字来佐证这些担忧，指出加拿大油砂原油生产排放的二氧化碳大约是常规原油的2倍。根据明尼苏达州圣托马斯大学的约翰·亚伯拉罕的研究，燃烧艾伯塔省所有的沥青砂油，将使全球气温升高0.72 ℉。油砂开采也要消耗更多的水和能源。目前，需要相当于两桶石油的能量来生产三桶油砂油。2007年，艾伯塔省的油砂开采每天要使用约10亿立方英尺的天然气——大约是艾伯塔省总用量的40%。水的消耗也更多，因为每生产一桶沥青，涉及的开采和加工过程就要使用2.5 ～ 4桶水。[7, 8, 9, 10, 11]

除了释放更多的碳和需要更多的能源和水来开采，大量的非常规石油是在像阿拉斯加国家野生动物保护区和大陆架外缘这样的环境敏感地区发现的。美国能源信息署估计，开放目前禁止开采的东部沿海、西部沿海和佛罗里达州西部沿海海域，到2030年，每天将新增石油供应500000桶——大约是今天消费量的3%。根据美国能源信息署的研究，为了这3%所付出的环境代价可能是不能接受的，并且它几乎不会影响到汽油价格。尽管有这些担忧，非常规石油仍将在未来供应中占有更多比重，原因很简单，我们已经快要用完容易开采的石油了；但是为此我们也要支付更高的经济和环境成本。[12]

黑色的金子，灰色的狼

几年前，如果你在艾伯塔省的平原上方进行低空飞行，你会看到一般的鹿和北美驯鹿，如果幸运的话，你还会看到捕食它们的几只灰狼。今天，这里是有名的艾伯塔"油田"，并且你更有可能看到水力压裂设备，而不是北美驯鹿。"林地驯鹿曾经是该地区的主要物种，如今濒临灭绝"，华盛顿大学保护生物学研究中心的主任塞缪尔·瓦赛尔这样说道。"为了保护这些北美驯鹿种群"，他说，"艾伯塔省政府提议并且已经在生态系统中实施密集的狼捕杀行动"。狼捕杀行动采用含有马钱子碱的饵和空中射杀等方式消灭这一种群。

瓦赛尔通过派出受过专门训练的、嗅觉灵敏的狗来计算狼群减少的数量。在它们的帮助下，他发现，这一地区北美驯鹿数量的下降不能怪罪到狼的头上。他解释道："问题是系统中狼群的主要猎物目前是外来的一般鹿群，而不是北美驯鹿。"他的研究显示，日益增多的一般鹿群事实上正在让以北美驯鹿为捕食对象的狼的目标发生转移。他还注意到在减少的北美驯鹿数量与人类的开发活动如水力压裂之间可能存在的联系。"纠正人类行为"，他总结道，"可能是比消灭狼群更为有效的管理这一生态系统的方法"。

"如果我们要解决问题"，他总结道，"我们其实应该首先管理好系统中的我们自己，而不要老是喊'狼来了'。系统中人类的活动触角已经延伸得很广，而这主要是全球石油消费需求造成的"。[13]

"压裂它们和忘掉它们"

水力压裂是从砂和岩石中开采非常规石油的一种常用方法。从岩石中提炼石油让我们能够获得以前难以利用的丰富储量。但是，一些社区，因为采用水力压裂技术开采天然气的活动，遭遇了严重的环境危机。正如宾夕法尼亚州一位居民所说："已经有一些州比我们先采用水力压裂技术和快速移动钻机从事天然气开采活动，你对此了解得越多，就越担心这些活动会对我们本地的环境造成影响。"

一种难闻的气味

"这是一种介于生物腐烂和柴油之间的气味"，怀俄明州普威廉粉河盆地资源委员会的德布·托马斯这样说道。"这是一种非常难闻的、化学物质的气味。"普威廉是一个对水力压裂工程带来的影响深有体会的社区。20世纪90年代期间，普威廉的生产井数量增加了一倍。随着钻探活动的日益增多，当地居民开始注意到，他们的井水有一种奇怪的味道和气味。

十多年间，当地居民一直就这一问题向州政府投诉。最终，在2008年，美国环保署（EPA）介入并展开调查。当他们最初的检测发现井里有甲烷和溶解的烃时，他们决定往更深的地方钻。2010年，他们钻探的监测井中出现了高浓度的苯和二甲苯（都是已知的致癌物），以及用在水力压裂中、当地地下水中不常见的其他物质。一口监测井中检出的苯含量超过了最高允许量。检测结果一出，环保署立即建议普威廉地区一些拥有私人水井的居民，寻找其他水源作为饮用水和烹饪用水。环保署在2011年发布的报告初稿中总结道："数据显示，水力压裂可能对地下水产生影响。"换句话说，水力压裂使当地饮用水受到了高浓度已知致癌物的污染。[14, 15, 16]

美国西部对水力压裂工程的担忧尤其强烈，该地区的物权法对土地所有权和地下矿物所有权做了区分。"这是一种巧取豪夺的霸权意识"，科罗拉多州一位养牛的牧场主兰德勒•迪恩这样说道，她的牧场地下埋藏着矿物，吸引了水力压裂工程公司前来投标。她只是美国西部数千名这样的土地所有者的其中一个，他们的财产可能被用于水力压裂开采，并且没有征得他们的同意。他们和世界其他地方有同样遭遇的人一起，公开对水力压裂工程发出反对的声音。在英格兰的一次市政厅会议上，社区居民聚在一起，讨论把他们的土地租给天然气公司经营者的事宜，一位当地居民把英国人的温文尔雅和彬彬有礼丢到一边，大吼道："把它们压裂，并忘掉它们，好吗？这全都是钱惹的祸！"[17, 18]

由于民众对水力压裂工程的担忧，一些欧洲国家和美国的一些州暂时停止了开采。考虑到目前的抵制程度和对环境的关注程度，利用水力压裂技术开采石油能否大范围展开尚有疑问。

替代石油

我住在印第安纳州的一个大学城里，周围是玉米地。当我刚从加利福尼亚州搬到这里的时候，我想象着这些玉米全部用来给人们提供粮食。但是，实际情况是只有1/10作为粮食。而40%则被运到乙醇工厂，并在那里被转化为燃料。几乎所有这些乙醇被用作机动车的燃料。并

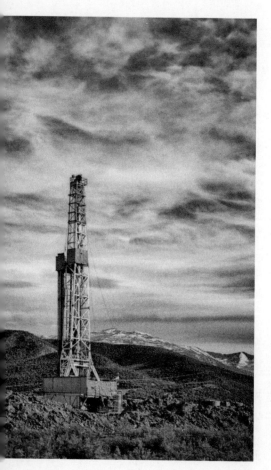

图3.2：水力压裂钻机
水力压裂钻机在北美变得越来越常见，但也引发了人们对环境和健康的担忧。图片来自iStock.com；摄影：鲍勃•英格尔哈特。

且乙醇比汽油环保。美国阿贡国家实验室2007年发布的一项研究显示，使用玉米基乙醇而不是汽油，可以将车辆全生命周期温室气体排放量降低约19%～52%。[19]

美国售出的所有汽油中，已有95%的汽油含10%的乙醇，部分是因为联邦法令要求美国生物燃料消费量从2007年的47亿加仑增加到2022年的360亿加仑。数百万辆能够烧E85（含有85%的乙醇）混合燃料的"灵活燃料"车辆已经上路行驶。但是，我们可以在这一比例基础上继续增加吗？遗憾的是，我们面对着大量阻力。[20]

打开一些新车的油箱盖，你会看到一个警示标签："E15–E85"，被椭圆圈住，还有一条穿过椭圆的斜线。几乎所有汽车制造商会警告他们的顾客避免使用乙醇含量超过10%的混合燃料。他们声称，使用乙醇含量更高的混合燃料可能损害发动机，甚至还警告，使用这样的燃料会使车辆无法获得保修。还有一些阻力来自加油站。将一座加油站改造为出售混合燃料，哪怕只是E15（只比常规汽油的乙醇含量多5%），所需的费用就是其中一个。加油站改造可能花费数万美元，顾客还不一定会接受这一新燃料。[21]

"不要把它放到车里"

"不要把它放到车里"，黛比·康拉德的丈夫对她说。他指的是堪萨斯州东部的一座加油站售卖的E15汽油。虽然燃料中15%的乙醇含量只是略多于普通汽油，但是汽车制造商告诫他不要用这种油，否则会使发动机受损。虽然美国环保署准许2001年及以后制造的车型使用这种燃料，但是不实的传言阻碍了乙醇在全国的销售。

"我们早该料到会有这么一天"，道格·萨默感叹道，他是乙醇生产商"堪萨斯州东部农业能源"的工厂负责人。过去一年，他眼见着玉米产量从每天45000蒲式耳下降到36000蒲式耳。不只是他，全国的生产厂家都陷入了经营困境。2012年，行业经历了17年来首次产量下降，并且是很大的降幅——14%——迫使全国将近10%的工厂关门歇业。

"每个行业都在过冬"，北达科他州沃尔哈拉市的市长克里斯多夫·杰克逊在一家当地工厂2012年倒闭后这样说道。"我不知道人们已经意识到工厂倒闭会对社区造成多大的影响。现在已经过去一年了；每个人都感觉到了寒意。"

困难时期，行业的总产量为5亿加仑，略低于2007年《可再生燃料标准》要求它们达到的产量，这项联邦法律出台的目的是增加生物燃料的销售和帮助"美国摆脱对石油的依赖"。2012年的亏损使得8个州的州长和约200位国会议员向环保署提出暂停执行这项法律的请求。但是，他们的努力以失败告终，行业继续苦苦挣扎，继头一年每加仑盈利24美分之后，2012年每加仑亏损36美分。[22, 23]

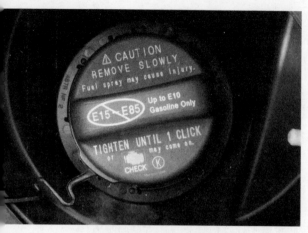

图3.3： "E15号"汽油的油箱盖

许多汽车制造商警告，使用哪怕只含15%乙醇的汽油，都有可能使发动机无法获得保修。图片由维基百科提供；摄影：马里奥·罗伯托·迪朗·奥尔蒂斯。

其他反对乙醇的声音来自一些环保人士。用来为小汽车提供燃料的大范围的玉米种植可能导致化肥中的氮带来的水体污染、土壤侵蚀和过多的水消耗。只是种植足够的玉米，来生产1加仑的乙醇，就需要大约1800加仑的水。但是，即使能够克服摆在乙醇面前的环境和经济障碍，它对燃料总消费的贡献可能很有限。"几年前存在的发展机会理论上仍然在那里"，内布拉斯加州乙醇委员会的管理者托德·这样说道，"但是，现实是需要大量的时间、资金和政治斗争，才能让这一机会真正实现"。根据美国能源信息署的说法，它可能永远都无法完全实现。根据他们的估计，国内乙醇产量实际能达到的极限约为每天70万桶，大约是目前美国石油消费量的1%的1/3。并且他们认为这一极小的量2030年才能达到。[24, 25]

为它充电！

就像乙醇时代一样，电动汽车时代的到来也是一个缓慢的过程。一个原因是续行里程有限。没有人愿意因为电池电量耗尽而动弹不得，而且美国充电站数量仍然很少，且彼此隔得很远。"你必须计算你的出行距离"，史蒂文·西格尔劳伯这样说道，他很早就接纳了这项新技术，并拥有一辆特斯拉电动跑车。另一个问题是服务。以雪佛兰为例，它将油电混合动力车型伏特推向市场，却没有持证的技术人员为之提供服务。在像电动汽车这样的较小的市场中，技术可能仍然是一道等待攻克的难关。[26]

尽管有这些障碍，电动汽车的销量继续增加，现在有超过100万辆在美国的道路上行驶。一类新的电动汽车如特斯拉S，可以带来新的顾客，该款车型获得《消费者报告》给予小汽车的最高评分，即99.5分，满分为100分。但是，就目前而言，电动汽车的销量在小汽车总销量中的占比不到4%，相对以汽油为燃料的交通系统来说，只是九牛一毛。勒克斯研究公司也不看好它们的前景，其发布的一份报告预测，即使到2020年，石油价格达到每桶140美元，即比2013年增加40%，95%以上的车辆仍然会是以汽油为燃料的。[27, 28]

可再生能源的兴起

虽然你的车还不能用风电或光电，但是这些可再生能源能否用来满足我们对出行以外的能源需求，以便留下足够的石油给汽车燃料甚至是塑料？可再生能源在最近几年已经取得了很大的进步，而且预计占到2013—2016年美国新增发电量的约1/3。但是美国能源信息署预计，2040年，可再生能源发电量占全部发电量的比重不超过20%。[29, 30]

壳牌公司前CEO杰伦•范•德•维尔在接受《泰晤士报》采访时，要求对可再生能源的"真实状况进行核实"，并警告，仅靠可再生能源不能解决世界的能源危机。

> 与公众的认知相反，可再生能源不是可以立刻解决所有问题的"良方"。正当能源需求激增时，世界上许多的常规油田正逐渐干涸。世界对能源问题置之不理，对发展中国家需求增加的规模视而不见，并且把过多的希望放在了可再生能源身上。[31]

可再生能源是世界未来的能源；它也必须是，如果我们想要活下去的话。但是与其他替代物一样，这一天不会很快到来，而且如我们所知，有一些因素限制了它的发展。就像我们所看到的那样，无论是通过钻更多的井，还是采用新技术从岩石、页岩和砂中挤出剩余的石油，我们似乎不可能从非常规来源中提炼足够的石油，来满足全球日益增长的能源需求。尽管对可再生能源如风能和太阳能的使用越来越多，但是预计未来几年，石油使用量将继续增加，到2040年，每天将使用近1.2亿桶。[32, 33]

它将如何耗尽？

石油将如何退出历史舞台，这取决于许多因素。是一蹴而就，还是循序渐进？是平稳的转变，还是巨大的灾难？甚至当意大利的汽油价格在2012年达到每加仑9.5美元的时候，就有人担心这会给经济和社会带来严重的影响。"如果燃料价格仍然这么高"，萨尼奥大学的政治经济学教授埃米利亚诺•布兰卡西奥警告，"我们可能面临通货膨胀引起的经济萧条"。 2005年，罗伯特•赫希为美国能源部撰写了一份报告，他在报告中总结道，"如果不减产，世界石油产量峰值的到来几乎肯定会引起较大的经济震荡"。前能源部长詹姆斯•施莱辛格在同一年告诉美国参议院："如果我们不采取严肃的措施，当有一天，我们不再能够增加常规石油的产量，我们的经济可能会受到很大的冲击——随之而来的是政治动荡。"[34, 35]

2012年，国际货币基金组织发布了一份题为《石油和世界经济：一些可能的未来》的工作报告，报告对石油耗尽带来的影响做了更为明确的表述。如果油田继续保持目前的开采速度直至枯竭，作者总结道："工业国家的GDP年增长率将下降一个百分点。"这与美国自二战以来超过3%的增长率和中国自1989年以来超过9%的增长率形成对照。[36]

"我们的经济模型是基于增长"，能源专家汤姆•墨菲博士补充道，"当增长很显然不能持续，其影响可能会不期而至，并且带来严重的后果"。这些影响可能比气候变化带来的影响要严重得多，根据墨菲的说法。"我认为气候变化会对自然服务和物种生存带来严重威胁，可能最终会对人类产生负面影响。但是在我看来，资源枯竭比气候变化可怕，因为我认为这可能在更短的时间内并且带着更多的确定性，对更多的人产生影响。"建立在石油之上的经济体进退两难。廉价石油时代的终结可能显著减慢它们的增速，但是，正如《廉价石油时代终结后的世界》一书的作者之一劳利•帕尔塔宁观察到的，"如果它们的经济开始增长，它们对石油的需求也会增加"。这将导致石油以更快的速度耗尽，进而引发进一步的冲击。从长期来看，价格下降似乎不可能。美国能源信息署在其最新的报告《2014年国际能源展望参考》中预测，"世界石油价格从2011年的每桶113美元（以2012年美元计算）降至2017年的每桶92美元，然后稳步上升，2040年达到每桶141美元。"[37, 38, 39, 40]

无论石油峰值何时到来，对于依赖石油的国家来说，都会是很难迈过去的一道坎。随着时间一天天过去，它离我们越来越近。我们要记住，虽然石油公司喜欢谈论石油"产量"，但是人类从来没有生产过一滴原油。我们只是将它从地下取出来，并把它用光。目前，石油公司每天从地球中开采超过8000万桶石油。并且我们正在以更快的速度消耗它——每天近9000万桶。石油钻探和开采的新技术会帮到我们，提升的燃油效率会帮到我们；并且虽然替代燃料如生物燃料、电力和氢也会帮到我们，我们仍然在以惊人的速度使用不可替代的石油。重要的不是我们会在何时榨干地下的最后一滴石油，而是当开采它变得不再经济的时候，将迫使我们寻找替代物，或者不用燃料、塑料制品、小汽车和其他我们已经习惯使用的基本日用品。随着供应的紧缺，价格将上涨，最先遭殃的是穷人，然后是中等收入者，最后是富豪。

我们可用的石油已经不多了。尽管我们已经尽最大努力节约使用，并为交通运输、供暖、制冷、生产和发电等活动寻找石油的替代物，但这些对于缓解我们的石油消费来说，只是杯水车薪。随着石油的耗尽，我们在进行任何活动、生产任何产品的时候，都需要少用它。制造业将是关键，因为预计到2040年，工业和交通运输消耗的液体燃料将占到全球液体燃料总用量的92%。当我们想方设法缩减石油产量的时候，一个以前被忽视的领域进入了人们的视野。塑料每年要消耗超过13亿桶石油。随着小汽车变得更节油，因为有更多小汽车是电动汽车，并且随着我们学会在采暖、制冷、生产和发电等活动中少用石油，用来生产塑料的石油比例只会增加。事实上，自1976年以来，用于塑料生产的石油占比已经增加了5倍多。如果现在能减少石油基塑料，意味着可以将更多的石油用在其他方面，环境会变得更清洁，健康风险也会降低。除了与塑料相关的健康和环境问题以外，事实是我们正在耗尽用来生产塑料的不可再生化石燃料。最终，我们别无选择，只能寻找塑料的替代物。[41, 42, 43]

注 释

1 Voss, Stephen, "Total, Shell Chief Executives Say 'Easy Oil' Is Gone," bloomberg.com, April 5, 2007, www.bloomberg.com/apps/news?pid=newsarchive&sid=aH57.uZe.sAI

2 Steele, Michael, 2008 Republican National Convention, St. Paul, Minnesota, September 1, 2008.

3 Gordon, Deborah, "Understanding Unconventional Oil," Report, Carnegie Endowment, Washington, DC, 2012, http://carnegieendowment.org/files/unconventional_oil.pdf

4 Seljom, Pernille, "Unconventional Oil & Gas Production," Report, Energy Technology Systems Analysis Programme, May 10, 2010, www.iea-etsap.org/web/E-TechDS/PDF/P02-Uncon%20oil&gas-GS-gct.pdf

5 Voss, "Total, Shell Chief Executives Say 'Easy Oil' Is Gone."

6 Krauss, Clifton and Lipton, Eric, "After the Boom in Natural Gas," *New York Times*, October 20, 2012, www.nytimes.com/2012/10/21/business/energy-environment/in-a-natural-gas-glut-big-winners-and-losers.html?pagewanted=all&_r=0

7 Gordon, "Understanding Unconventional Oil."

8 Seljom, "Unconventional Oil & Gas Production."

9 Biello, David, "How Much Will Tar Sands Oil Add to Global Warming?" *Scientific American*, January 23, 2013, www.scientificamerican.com/article.cfm?id=tar-sands-and-keystone-xl-pipeline-impact-on-global-warming

10 McColl, David and Slagorsky, Martin, "Canadian Oil Sands Supply Costs and Development Projects," Report, Canadian Energy Research Institute, November 2008.

11 U.S. Securities and Exchange Commission, Exhibit 99.1, "OriginOil's Second Licensing Agreement Targets Canadian Oil Sands Market," Washington, DC, www.sec.gov/Archives/edgar/data/1419793/000101376212002227/ex991.htm

12 Hargreaves, Steve, "Drill baby drill won't lower gas prices," April 25, 2011, CNN Money, http://money.cnn.com/2011/04/25/news/economy/oil_drilling_gas_prices/index.htm; Reed, Stanley, "Planning for a Post-Oil World at a Time of Crisis," New York Times, nytimesonline.com, May 30, 2012, www.nytimes.com/2012/05/31/world/middleeast/31iht-m31-abudhabi-taqa.html?_r=2&

13 Wasser, Samuel, Keim, Johah, Taper, Mark, and Lele, Subhash, "The Influences of Wolf Predation, Habitat Loss, and Human Activity on Caribou and Moose in the Alberta Oil Sands," Frontiers in Ecology and the Environment, Volume 9, Issue 10, 546–551, www.esajournals.org/doi/abs/10.1890/100071

14 Banerjee, Neela, "EPA Says 'Fracking' Probably Contaminated Well Water in Wyoming," Los Angeles Times, December 8, 2011, http://articles.latimes.com/2011/dec/08/nation/la-na-fracking-20111209

15 Lachelt, Gwen, "Groups Denounce Attack on EPA Investigation of Fracking Contamination," January 17, 2012, Earthworks, www.earthworksaction.org/earthblog/detail/groups_denounce_attack_on_epa_investigation_of_fracking_contamination

16 Bleizeffer, Dustin, "Pavillion, Wyoming-Area Residents Told Not to Drink Water," Casper Star Tribune, September 1, 2010, http://trib.com/news/state-and-regional/article_a7529206-b5ef-11df-8439-001cc4c002e0.html

17 Healy, Jack, "Colorado Communities Take On Fight Against Energy Land Leases," New York Times, February 2, 2013, www.nytimes.com/2013/02/03/us/colorado-communities-take-on-fight-against-energy-land-leases.html?_r=0

18 Booth, Robert, "No Fracking in Home Counties, Village Residents Tell Oil Company," The Guardian, January 12, 2012, www.guardian.co.uk/environment/2012/jan/12/fracking-oil-west-sussex-caudrilla

19 U.S. Department of Energy, "Ethanol Vehicle Emissions," www.afdc.energy.gov/vehicles/flexible_fuel_emissions.html

20 U.S. Department of Energy, "Ethanol Fuel Basics," www.afdc.energy.gov/fuels/ethanol_fuel_basics.html

21 Wald, Matthew L., "In Kansas, Stronger Mix of Ethanol," New York Times, www.nytimes.com/2012/07/12/business/energy-environment/at-kansas-station-e15-fuel-reaches-the-masses.html?pagewanted=all&_r=0

22 Parker, Mario, "U.S. Ethanol Production Headed for Decline," Minneapolis Star Tribune, November 7, 2012, www.startribune.com/business/177788401.html?refer=y

23 Wald, Matthew L., "In Kansas, Stronger Mix of Ethanol."

24 Eligon, John and Wald, Matthew L., "Days of Promise Fade for Ethanol," New York Times, www.nytimes.com/2013/03/17/us/17ethanol.html?pagewanted=all

25 U.S. Energy Information Administration, Report, "Ethanol Production Capacity Little Changed in Past Year," May 20, 2013, www.eia.gov/todayinenergy/detail.cfm?id=11331

26 Koretzky, Michael, "5 Reasons NOT to Buy an Electric Car," Money Talks News, February 8, 2011, www.moneytalksnews.com/2011/02/28/5-reasons-not-to-buy-an-electric-car/

27 Electric Drive Transportation Association, "Cumulative U.S. Plug-in Vehicle Sales," www.electricdrive.org/index.php?ht=d/sp/i/20952/pid/20952

28 Lux Research, Report, "Global Automotive Sales in 2020 by Vehicle Type: Three Scenarios," www.luxresearchinc.com/blog/2009/11/global-automotive-sales-in-2020-by-vehicle-type-three-scenarios/

29 U.S. Energy Information Administration, Report, "Annual Energy Outlook 2010," www.eia.gov/oiaf/aeo/electricity.html

30 Kumhof, Michael and Muir, Dirk, "Oil and the World Economy: Some Possible Futures," *Philosophical Transactions of the Royal Society*, December 2, 2013, http://web.stanford.edu/~kumhof/oilroyalsoc.pdf; U.S. Energy Information Administration, "Annual Energy Outlook 2014," Report, www.eia.gov/forecasts/aeo/pdf/0383(2013).pdf

31 Mortished, Carl, "Energy Crisis Cannot Be Solved by Renewables, Oil Chiefs Say," *The Times of London*, June 25, 2007, www.thetimes.co.uk/tto/business/industries/naturalresources/article2180851.ece

32 BP, "Outlook to 2035," 2014, www.bp.com/en/global/corporate/about-bp/energy-economics/energy-outlook/outlook-to-2035.html

33 U.S. Energy Information Administration, Report, "Annual Energy Outlook 2014."

34 Vasarri, Chiara and Ebhardt, Tommaso, "Italians Squeezed by $9.50-a-Gallon Gas Face Costly Drive," *Bloomberg News*, August 31, 2012, www.bloomberg.com/news/2012-08-30/italians-squeezed-by-9-50-a-gallon-gas-face-costly-drive-home.html

35 Hirsch, Robert, Bezdek, Roger, and Wendling, Robert, "Peaking of World Oil Production: Impacts, Mitigation & Risk Management," Report, February 2005, www.netl.doe.gov/publications/others/pdf/oil_peaking_netl.pdf

36 Whipple, Tom, "The Peak Oil Crisis: Alternative Futures," Falls Church News-Press, November 14, 2012, http://fcnp.com/2012/11/14/the-peak-oil-crisis-alternative-futures/

37 Stafford, James, "Tom Murphy Interview: Resource Depletion is a Bigger Threat than Climate Change," oilprice.com, March 22, 2012, http://oilprice.com/Interviews/Tom-Murphy-Interview-Resource-Depletion-is-a-Bigger-Threat-than-Climate-Change.html

38 Partanen, Rauli, "Peak Oil Demand or Peak Oil Supply?" kaikenhuippu.com, September 9, 2014, http://kaiken-huippu.com/2014/09/09/peak-oil-demand-or-peak-oil-supply/

39 U.S. Energy Information Administration, Report, "Annual Energy Outlook 2014."

40 Ibid.

41 Ibid.

42 "What Happens to Plastics When the Oil Runs Out and When Will It Run Out?" British Plastics Federation, August 19, 2008, www.bpf.co.uk/Press/Oil_Consumption.aspx; U.S. Energy Information Administration, "International Energy Statistics," 2014, www.eia.gov/cfapps/ipdbproject/IEDIndex3.cfm?tid=5&pid=53&aid=1

43 PlasticsEurope, "Plastics—the Facts 2012: An Analysis of European Plastics Production, Demand and Waste Data for 2011," Report, www.plasticseurope.org/documents/document/20121120170458-final_plastic-sthefacts_nov2012_en_web_resolution.pdf; U.S. Energy Information Administration, "International Energy Statistics."

第二部分

石油和塑料

第4章

就一个词——塑料

一个塑料泛滥的世界

廉价石油和低价塑料已经是过去的事了。

（迈克•柯麦茨，IDES塑料咨询公司董事长）

"真正的问题"，柯麦茨说，"是全球对石油的需求何时会超过其生产能力？许多人相信这将很快发生，而不是很晚才会发生，并且当这一天到来的时候，我们的生活会变得更加有趣。这对包括塑料在内的许多行业产生的影响可能是深远的"。正如我们所看到的，全球需求已经超过了产量。我们可以通过即刻减少对石油基塑料的依赖，将这一缺口带来的影响降到最低，但是这可能不是一件容易的事情。塑料得到广泛应用还不到100年时间，然而我们生产的塑料已经足够将整个地球包6层。我们喜欢它，自从我们在19世纪末第一眼看到它后，就喜欢上它了。[1]

大象和台球

我认为赛璐珞对行业的价值是难以估量的，如果不为它说几句好话，我都觉得是罪过，我想说的是，在用了3年多时间以后，我发现它真的很好用。

（D•伯里尔，1878年2月8日）

伯里尔先生称赞的赛璐珞是最早发明的塑料之一。它的起源本身就是一个故事。事实上，今天的万亿美元一年的塑料工业，还要从大象和台球说起。19世纪中期，台球游戏从英国绅士的消遣发展成了美国一项主流的运动，也就是我们今天所说的落袋台球。但是运动的发展一度趋于停滞，这是因为台球是用象牙做的，象牙数量的增多意味着大象数量的减少。那些还没有被猎杀的大象为了保住牙而拼命反抗，而很常见的是，捕杀它们的人反而成了它们的猎物。到1863年，台球生产厂的老板们很担心象牙供应短缺，一位生产商"费伦&科伦德"甚至悬赏10000美元（相当于今天的近175000美元），并宣布：谁能找到一种代替象牙的材料，谁就可以得到这笔钱。这笔奖金一直无人领走，但是它或许是一个人的灵感来源。

把"费伦&科伦德"遇到挑战的时间往回倒退十年，这一年，约翰·韦斯利·海厄特从神学院退学，当起了一名印刷工人。他所在的印刷厂位于纽约州的奥尔巴尼。一天，他不小心打翻了一瓶火棉胶，这是一种醚和乙醇的混合物。后来，当他试图把从瓶中流出的液体擦除的时候，发现它已经干了，变成硬但又有韧性的薄膜。在经过多次试错后，他发现在其中加入樟脑，就能制成一种强度足以用来制作台球的材料。他甚至开办了一家成功的台球公司。但是他的新材料最为人们所熟知的，是在迅速发展的电影工业中的应用。他把樟脑和火棉胶的混合物称作赛璐珞。

虽然在美国，电影才刚开始受到人们的欢迎，但是台球游戏已非常盛行，而海厄特的台球也随之畅销。但是，赛璐珞有一个问题——一个后来让电影工业大伤脑筋的问题。1900年前后，海厄特开始接到受惊的台球室经营者的投诉，他们说台球撞到一起的时候，有时会破裂。还有人反映，有些台球在与雪茄烟接触时会着火。他们发现了我们现在已经知道的事实——赛璐珞极易燃——并且是后来多场剧院火灾的导火索。[2]

塑料就是石油

作为最早的商用塑料，赛璐珞有许多优点。它强度大、重量轻、韧性好，并且可以用模子做成几乎任何形状。利奥·亨德里克·贝克兰在他位于扬克斯的车库中发明了另一种物质，让当时还不叫塑料的材料变得更受欢迎。1909年，他首次公开了最早的合成热固性塑料（意思是可以用无机化学物质进行人工合成，并通过加热成形）。这种被他称为酚醛塑料的材料很快在许多行业得到应用。最初是被用作电线绝缘材料，现在最为人们所熟知的是用于珠宝业。

在贝克兰发明的神奇新材料中，有一种成分是酚，这种化学物质在他那个时代是从煤焦油中提取的。而今天，用来制酚的原料是石油——许多石油。今天的许多其他塑料可以用石油或天然气制成。用来制聚乙烯（最常见的塑料）的乙烯就可以用这二者制成。例如，在澳大利亚，塑料购物袋是用天然气制成的，但是该国2/3的袋子是从东南亚进口的，而在那里，袋子是用石油制成的。

贝克兰、海厄特等人发明的塑料没过多久就得到了广泛应用。其特点是：强

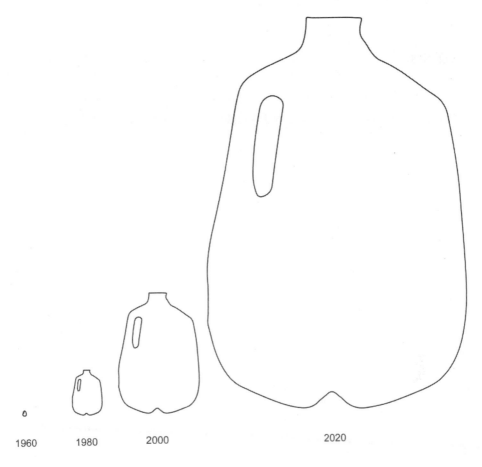

1960   1980   2000   2020

图4.1：世界塑料产量
预计到2020年，全球塑料产量将是2000年的3倍。插图由玛丽亚·梅萨绘制。

度高、质量轻、便宜、耐用，且相对容易生产；它的主要原料石油，廉价且供应充足。到1960年，塑料工业每年生产700万吨塑料；到2000年，年产量已达到1.6亿吨；预计到2020年，年产量将接近5.4亿吨。[3]

玩具、用具、储存箱——似乎今天所有的东西都是用塑料做的。我们买的东西被包裹在塑料中，而且我们用塑料袋把它们带回家。如果世界上所有的塑料生产专为生产塑料购物袋，那么我们将已经生产的塑料购物袋铺开，足够从地球一直铺到月球，再从月球返回来，而且是往返30次。塑料的生产每年要用掉10亿多桶石油。塑料的支持者争辩道，"塑料在许多领域令人眼花缭乱的应用为人们提供了极大的便利，而且还节能，这足以说明消耗的这点化石燃料是值得的"。但是，每年13亿桶是"这点化石燃料"？这一数量是目前美国石油产量的一半以上。虽然预计到2040年，全球塑料工业每年消耗的化石燃料将达到约13亿桶，但可以预见的是，石油产量和需求之间的缺口将会扩大。[4, 5, 6]

石油和水

　　平均每个美国人每年使用167个一次性塑料水瓶。需要多少石油来生产这么一个瓶子？把石油倒入瓶中，使其达到瓶子容积的1/4，你就知道答案了。

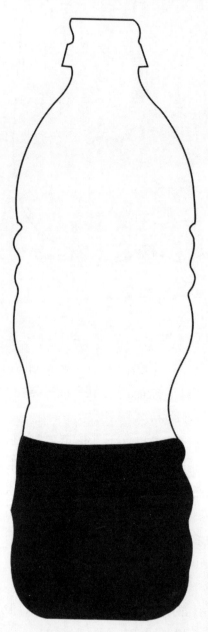

图4.2：需要多少石油来生产一个塑料瓶
假设塑料瓶的容积为1升，需要约1/4升的石油来生产一个塑料瓶。插图由玛丽亚·梅萨绘制。

如果石油供应量下降，而我们每年继续消耗10亿多桶石油来进行塑料生产，那么留给交通运输和其他用途的石油会越来越少。汽油和采暖用油的价格将会上涨，塑料价格也是一样。但是，我们在购买塑料制品的时候，除了因石油价格上涨要多付钱以外，我们还要支付其他成本——环境成本。

注 释

1　Kmetz, Mike, "What's Really Going On with Plastic Prices?" Report, UL, www.ides.com/articles/oil.asp

2　"The History of Celluloid," Plastics.com, www.plastics.com/content/articles/1/4/The-History-of-Celluloid/Page4.html

3　Pardos Marketing, "World Plastics Consumption Long Term, 1960–2020," www.pardos-marketing.com/hot04.htm

4　PlasticsEurope, "The Compelling Facts about Plastics 2009: An Analysis of European Plastics Production, Demand and Recovery for 2008," Report, September 26, 2009, www.plasticseurope.org/Documents/Document/20100225141556-Brochure_UK_FactsFigures_2009_22sept_6_Final-20090930-001-EN-v1.pdf

5　U.S. Energy Information Administration, "International Energy Outlook 2014" (Report, Washington, DC, 2014), www.eia.gov/forecasts/ieo/more_overview.cfm

6　Ibid.

第 5 章

塑料污染

生产塑料

> 过去50年全世界所生产的塑料制品中，除了少量被焚烧之外，几乎所有的塑料仍然存在。它们就在环境中。
>
> （安东尼·安德雷迪，《塑料与环境》一书的作者）[1]

全世界每分钟生产超过100万个一次性塑料购物袋，这足以让它们成为世界上最常见的人造物品。与塑料水瓶一样，它们是用经过几十万年时间形成的、蕴藏在地层中的化石燃料制成的。其中只有约1/10将被回收利用。而每年有数百万最终会污染我们的土地和海洋。大多数将和塑料水瓶以及50亿吨其他塑料垃圾一起，被运往垃圾填埋场。它们存在的时间从几百年到几十万年不等，视塑料材质和当地环境而定。当它们似乎已经消失的时候，其实大多数塑料制品只是分解成了更小的颗粒，因为构成它们的高分子链极难断裂。[2]

塑料污染所产生的成本是无法计算的。我们要花钱清除泄漏的石油，治理空气污染，治理水道和清理散落的塑料袋。在加利福尼亚州，圣何塞市每年要花费约100万美元，修理被塑料袋堵住的回收设备。旧金山市每年花850万美元，清理、回收和填埋塑料袋。整个加州每年要投入约2500万美元对塑料袋进行填埋，还要另投入850万美元将它们从街道清走。[3]

疑似炸弹的袋子引起的恐慌

纽约州的一位众议员曾经开玩笑说，该州的州花应该是挂在树上的一个塑料袋。但是，在纽约市贝德福德大道和北第5街的交叉口，有一个塑料袋显得很可疑，因为它落在了一棵洋槐树的树枝之间，路过的人看到后，马上报了警。很快，防爆小组赶到了现场。街道被封闭，警用直升机在空中盘旋，但是当消防队员爬到树上一看，发现是虚惊一场，这只是漂泊在纽约这座不夜城的数百万个购物袋中的一个而已。[4]

塑料的海洋

与我们的碳足迹相比，我们的塑料足迹夺走了更多海洋生物的生命。

（查尔斯·摩尔船长，《塑料海洋》的合著者）[5]

去海滩待上一天听起来是个不错的主意，帕特里克·钱德勒却不这么觉得，他是阿拉斯加海岸研究中心的特别项目协调员。这天，他正带着一帮志愿者，在阿拉斯加基奈半岛的戈尔角清理垃圾。"在花了一天时间把原木上的碎片扒掉，把它们从沙子里挖出来，并堆成堆以便清运"，钱德勒说，"最令人沮丧的是看到海滩上还有那么多小片的泡沫塑料，你就知道要把它们全部清理干净是不可能的"。

难怪钱德勒和他带领的志愿者们觉得崩溃——在一个海滩上，他们发现泡沫塑料的数量是前几年的93倍。但是为什么在偏远的阿拉斯加海滩上，忽然多了这么多塑料垃圾？正当钱德勒和志愿者们提出这个疑问的时候，国际太平洋研究中心的科学家们找到了答案。其中的大多数是从几千英里外的日本漂过来的。2011年3月，一场大海啸袭击了日本东部，据估计，它将500万吨碎片卷入了海中。随后几个月，它们随风一路向东漂到了夏威夷，并最终到达阿拉斯加。虽然大量塑料垃圾被日本海啸冲到了我们的海洋中，但跟其他来源的塑料垃圾相比，这一数量仍然显得微不足道。根据联合国发布的一份报告，每年生产的塑料制品的10%最后进入海洋，这让塑料垃圾成为最大的海洋污染源。[6]

七大洋，5大涡流，以及2600万吨塑料垃圾

你想不想亲眼去看一看"大太平洋垃圾带"以及它对海洋鸟类和鱼类造成的影响？安娜·康明斯接受了这一挑战，而这也改变了她的生活。2002年，康明斯接到一个朋友打来的电话，邀请她去听查尔斯·摩尔船长的演讲，此人是阿尔加利特海洋研究基金会的创始人和《塑料海洋》一书的合著者。摩尔对海洋塑料污染及其影响所做的生动描述给安娜留下了深刻的印象，以至于在听完演讲后的几周时间里她一直对此念念不忘。最后，她拿起手机，给摩尔打了一个电话。前前后后一共打了20来通电话，摩尔才最终同意在下一次航行的时候带上她，于是，2004年，她跟随一个研究团队踏上了去往太平洋小岛瓜达卢普的航程。在那里，康明斯所做的工作一点也不让人羡慕，她只是收集信天翁嘴里的小物块，或者说是倒嚼的食物。信天翁是体型很大的海鸟，以连续飞行2000多英里不休息而闻名。"我收集的每一个小物块里都有塑料碎

片。"她回忆道。

在瓜达卢普的所见所闻给了她很大的震撼，也促使她第二次加入摩尔的航行。同行的还有阿尔加利特的研究主任马库斯·埃里克森博士和另外3个志愿者，这次他们要横渡太平洋，从夏威夷前往洛杉矶。康明斯这一次不用收集信天翁嘴里的食物了，她只需要捕集近700条灯笼鱼，以备返回陆地时交由实验室进行解剖。实验室的解剖结果令人大吃一惊：在距离文明世界几百英里的地方捕到的这些鱼中，超过1/3的鱼的肚子里有塑料碎片。

"这次旅行给我的最大感受就是问题竟然如此严重，而令人沮丧的是，几乎没有人真正对此有所了解"，她说。但是，这种挫败感也激励她开展一个新的项目，即向其他人介绍海洋遭受塑料垃圾污染的问题。她的搭档是她的新丈夫，马库斯·埃里克森博士，他在太平洋航行的途中，拿出一枚戒指向她求婚，这枚戒指是用他发现漂浮在大海中间的、废弃的塑料渔网编织而成的。在太平洋航行团队成员乔尔·帕斯卡尔的帮助下，两人设计了JUNKraft，这是一艘用15000个空塑料瓶建造的船只，将从洛杉矶出发，前往夏威夷，以唤起人们对受到塑料垃圾污染的海洋的关注。

因为太平洋航行只是康明斯第一次横渡海洋，在经过商议之后，他们决定，让她留在陆地上，做后勤支持工作，而由埃里克森和帕斯卡尔驾驶JUNKraft航行。作为船只和外部世界的主要联系纽带，康明斯帮助二人穿过了一些凶险的海峡。从洛杉矶启程之后不久，JUNKraft开始进水，因为海上的风浪让保持船只漂浮的塑料瓶的盖子出现松动。他们想了一些办法，最后决定潜入水中，将盖子一个接一个地重新拧紧。"这是一项单调乏味、令人疲倦的工作"，埃里克森这样说道，因为他和帕斯卡尔要费力将1000多个盖子拧紧。但是，在处理完这项棘手的工作后，JUNKraft得以继续航行，而两名船员在睡梦中还在数着瓶盖。

有了JUNKraft的帮助，康明斯和埃里克森开始将他们的注意力从发现海洋被塑料垃圾污染的问题转向解决这一问题。因为把漂浮在海上的、不计其数的塑料颗粒清理干净是不可能的（摩尔的一项研究发现，在太平洋的某些区域，塑料垃圾比浮游生物还要多），JUNKraft以及随后开展的项目的目标是提升公众的意识，并且首要的事情是不让塑料垃圾进入世界各地的水道。

2009年，埃里克森从夏威夷返回，不久，夫妻二人再次出发，这次是要完成一个名为JUNKride的陆上行程，起点是温哥华，终点是提华纳。两人沿途作了40多场演讲，并向教育家和政府官员提交了他们采集的100份被塑料垃圾污染的海水样本。此前从洛杉矶到夏威夷，全程2600英里，JUNKraft只以风作为动力，与此类似，JUNKride也努力实现零能耗，他们一路骑自行车，完成了从温哥华到提华纳的2000英里行程。

在完成JUNKride之后，为了更好地从事他们的研究工作，康明斯和埃里克森成立了"5大涡流"（5 Gyres），这是一家致力于让全世界都来关注海洋被塑料垃圾污染的问题和提出解决方案的组织。组织名称，顾名思义，就是指的海洋涡流，即巨大的旋转的洋流。今天，涡流遭受了如此严重的污染，以至于康明斯带着严肃又不失幽默的语气，形容它们是"从不冲洗的巨大的抽水马桶"。

虽然康明斯经常用她的乐观和幽默感，寓教于乐地向听众传递信息，但她意识到，海洋中的塑料垃圾绝不是好笑的事。根据估计，每年有多达2600万吨塑料制品——我们使用量的10%——最终进入了海洋。"我们有机会对5大海洋涡流受到塑料垃圾污染的问题进行研究"，她说道，"事实证明，这的确是一个全球性问题"。这是一个康明斯再熟悉不过的问题了，因为自2004年首次航海以来，她在海里已经累计航行了25000多英里。2010年，她当选为探险者俱乐部的国家会员。当被问到她为何一生致力于解决塑料垃圾的污染问题，或许她会像个真正的探险家那样回答道，"因为它就在那里"。[7]

图5.1：安娜·康明斯
面对着海洋被塑料垃圾污染的现实，安娜·康明斯与她的丈夫同时也是"5大涡流"的联合创始人马库斯·埃里克森博士一起，从事探险、教育活动并采取实际行动解决这一问题。图片由安娜·康明斯提供。

虽然甚至在世界上最偏远地区的海岸，都能越来越多地看到被风吹到岸边的大量塑料垃圾，但是大多数还是在海里。在那里，它们可能被海豹、海鸟、海龟以及其他动物吃进肚子里。这些动物也误将塑料袋和碎片当作食物（对于海龟来说，塑料袋看起来很像水母）。针对阿拉斯加海鸟所做的一项研究发现，近2/3的海鸟吃过塑料垃圾。而对管鼻藋——长相似海鸥，在北极很常见——开展的一项类似研究则显示，吃过塑料垃圾的比前者还多。有人在一只澳大利亚鳄鱼的胃里发现了25个塑料袋。[8, 9]

但是，看起来像水母的塑料购物袋不是塑料给海洋生物制造的唯一问题。漂浮在海面上的塑料垃圾在光的作用下降解，分解成更小的塑料碎片。这些碎片继续分解，直到海洋的某些区域变成一大锅"塑料汤"——水里是密密麻麻的塑料碎片，甚至用显微镜都不可能数得清。近期对伊利湖开展的一项调查发现，每平方英里的湖面上有1500 ~ 1700000个塑料颗粒。其中超过4/5的长度不到1英寸的2/10。[10]

这些极小的颗粒可能在将它们吃到肚子里的动物的体内堆积，并危害食物链上的其他动物，最终影响人类。人类的摄入量是尤为引人关注的，因为海洋中的塑料垃圾可能吸收多氯联苯（PCBs）以及水里的其他有毒物质。这些有毒物质的浓度可能会随着食物链的一级级传导而增加。根据美国环保署的说法，"一些海洋碎片，尤其是一些塑料，所含的有毒物质可能会致命，或者导致鱼类、贝类或其他海洋生物不育。事实上，研究表明，一些塑料颗粒含有的某些化学物质的数量是在水中检测出的数量的100万倍"。[11, 12]

沿海社区付出的代价也很大。美国环保署的一项研究发现，美国西海岸的市县每年要花费5亿多美元清理垃圾和海洋碎片。依赖海洋的产业也受到了不利影响。例如，据估计，苏格兰渔业每年要花约1600万美元处理海洋碎片及其带来的负面效应。这些数字表明，全球每年在处理海洋中的塑料垃圾上的投入以数十亿美元计。但是，海洋生物遭受的损失，又该如何计算呢？[13, 14]

循环利用的现实

我总以为，只要我对塑料制品进行循环利用，它们就不会进入垃圾堆。我居住的中西部小镇回收大部分塑料制品，因此我能够把我用过的大部分塑料制品丢到路边的垃圾箱里，等待环卫工人把它们收走。但是，究竟有多少塑料制品真的被循环利用了？"这要看垃圾箱，和城市的循环利用系统"，作家罗丝安•

西马说，"60%～80%的循环利用是真的被循环利用了"。但是，准确的比例可能千差万别。例如，2004年，对纽约市循环利用情况进行的一项研究发现，居民放入分类回收桶的塑料制品中，近90%最终被运到了垃圾填埋场。[15, 16]

根据美国环保署的调查，2010年，美国产生的3100万吨塑料垃圾中，8%被回收。这就意味着每年还有2850万吨塑料垃圾去了别处，而不是回收站。那么其余的究竟去了哪里？正如我们所看到的，约10%最终进入了世界各地的水道，并且我们在下一章将看到，大多数将被填埋。被回收的8%的塑料垃圾的用途也不尽相同，视塑料制品所用的材料而定。根据美国化学理事会的说法，你放到路边分类回收桶中的塑料制品通常会被运到材料回收设施那里，在按材质进行分类和打包之后，被运到一处再生设施。在那里，塑料制品被清洗和磨碎，成为小的薄片。然后，这些薄片经过干燥、熔融和过滤，被制成颗粒。最后，颗粒被运往产品生产厂，并在那里被制成新的塑料制品。[17]

你扔掉的塑料制品究竟有多少在新产品中得到了再利用，要视其使用的材料而定。你可能在许多塑料制品上看到带箭头的三角形符号，以及三角形里代表材料的数字。例如，材料1是聚对苯二甲酸乙二醇酯（或PET）。PET是最可回收利用的塑料——用这种材料生产的瓶瓶罐罐中，几乎30%被回收。在回收过程中，它们被分解为原始的高分子形态，然后被做成服装、塑料木材以及许多其他消费品。约1/3的高密度聚乙烯（HDPE）瓶，即标了数字2的，在回收后被做成了新的瓶子。[18]

其他塑料制品要么不容易回收利用，要么不能很经济地回收利用。包装是废旧塑料的主要来源，通常不能回收利用。聚氯乙烯（PVC）是用于生产管道以及其他产品的硬塑料，其回收利用率不到1%的1/4。美国每年使用的10亿塑料袋中，被回收利用的不到1%。在美国，塑料的回收利用率只有8%。[19, 20, 21]

但是，与将塑料掩埋在垃圾填埋场中或者将其焚烧相比，回收塑料无疑是更有

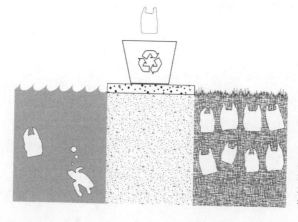

图5.2：我们的塑料垃圾去了哪里
约10%的塑料垃圾最终进入了世界各地的水道，另有10%被回收利用，而80%最终被填埋。插图由玛丽亚·梅萨绘制。

利于环境的。相比使用原生塑料，回收1吨塑料节省约3.8桶原油和7.4立方码垃圾堆填空间。美国每户家庭通过回收利用自家的塑料废品，每年可以减少340磅的二氧化碳排放量。但是，那些可以回收的塑料并不能无限次地回收。用过的塑料制品的性能会降低，只能"降级回收"。对于大多数聚合物来说，回收的旧材料的性能会降低，因此它们只能被制成低档产品，或者只被用作塑料制品的一定比例原料。正如《聚合物》（Polymers）一书的作者所说，"通常只能有15%～30%的回收材料被添加到原生材料中，这样才不会严重影响它的力学特性……例如，原生PET的特性在经过5次再加工后仍然可以保留，在此之后，材料的韧性就会大大减弱。"[22, 23]

回收利用的另一个障碍是市场上不断增长的"混合塑料"产品数量。像复合木材这样的材料，由于是将各种不同材质的塑料与其他材料如木材或玻璃混合而制成，要想将塑料单独分离出来进行回收利用是不可能的。

垃圾填埋场里的日子

在环境方面，美国有一个令人感觉自相矛盾的做法，那就是它在原始地区钻探新的油田，与此同时，继续通过每年填埋近2000万吨塑料燃料，将绿地变成了棕地。

（尼古拉斯•J•塞梅利斯和克莱尔•E•托德，哥伦比亚大学）[24]

1989年秋天的一个寒冷的早晨，美国亚利桑那大学考古学教授比尔•雷斯杰站在大西洋海岸上的一处最高点。斯塔腾岛上海拔225英尺的清泉垃圾填埋场是世界上最大的垃圾场，覆盖面积相当于3个中央公园。雷斯杰和他的"垃圾工程"团队成员正在让钻机向下穿过已堆放40年之久的垃圾，并对钻机带出的碎屑进行分类。

"现在，我们对海王星的了解都比我们对这个国家的固体废物的了解要多"，雷斯杰感慨地说。但是，通过把他开发的、发掘玛雅遗址的考古发掘方法应用于美国的垃圾填埋场，雷斯杰和"垃圾工程"让我们进一步了解，垃圾填埋场里发生了什么，以及更重要的，那里没发生什么。

"认为垃圾填埋场里的垃圾是可以生物降解的只是人们一厢情愿的想法而已"，他说。在对始于20世纪50年代的垃圾填埋场表层进行调查后，他补充道，"几乎所有的有机物仍然清晰可辨……在每一次挖掘过程中，我们都能发现整条没吃过的热狗"。[25]

图5.3："垃圾清理工"威廉·雷斯杰
通过将他开发的玛雅遗址考古发掘的方法应用于美国垃圾填埋场，雷斯杰教授发现，塑料及其他垃圾分解的速度比我们预想的要慢得多。图片由Corbis提供；摄影：路易·皮斯霍斯。

　　他的团队了解到，掩埋在垃圾填埋场里使垃圾接触不到光照、空气和水分，而这些是垃圾分解的必备要素。如果热狗过了50年仍然完整无缺，那么塑料会在那里待上多久？让塑料如此富有吸引力的耐久性在垃圾填埋场里却变成了负担。今天，被运往美国垃圾填埋场的66000吨塑料的大多数将在那儿待上数百年时间。"今天生产的大多数聚合物"，根据《自然科学会报》发布的一份报告，"将存在至少几十年，或者如果没有几千年，也有几百年"。[26]

　　1973年至1992年，"垃圾工程"挖掘和分析了超过14吨填埋垃圾。他们发现，塑料占到了总量的12%，这意味着仅清泉垃圾填埋场就有多达1200万吨塑料垃圾。没有人知道它们会在那里待多久。也不知道随着时间的推移，这些被掩埋的塑料中所含的有毒物质有多少会渗出。缺少光照、空气和水分可能会减慢这一过程，但据我们所知，渗出的情况已经出现。例如，美国垃圾填埋场中半数"可能的人类致癌物"——镉就来自塑料。[27, 28]

注 释

1　Weisman, Alan, "Polymers Are Forever," Orion, May/June 2007, www.orionmagazine.org/index.php/articles/article/270/

2　U.S. Environmental Protection Agency, "Plastics," www.epa.gov/osw/conserve/materials/plastics.htm

3　Myers, Todd, "Should Cities Ban Plastic Bags?" *Wall Street Journal*, October 8, 2012, http://online.wsj.com/article/SB10000872396390444165804578006832478712400.html; Clean Air Council, "Why Plastic Bag Fees Work," May 2009, www.cleanair.org/program/waste_and_recycling/recyclenow_philadelphia/waste_and_recycling_facts

4　Del Signore, John, "Here's the 'Suspicious Package' that Brought Bedford Avenue to a Standstill," May 18, 2012, http://gothamist.com/2012/05/18/suspicious_package_taped_to_tree_sh.php

5　Moore, Charles, and Phillips, Cassandra, *Plastic Ocean*, New York: Avery Books, 2011.

6　Mallos, Nick, "On Alaskan Beaches, More Foamed Plastic than Sea Foam," The Blog Aquatic, Ocean Conservancy, September 6, 2012, http://blog.oceanconservancy.org/2012/09/06/on-alaskan-beaches-theres-much-more-foamed-plastic-than-sea-foam/

7　Elvin, George, "Anna Cummins of 5Gyres: What Designers Can Do About Ocean Plastic Pollution," February 22, 2012, Green Technology Forum, http://gelvin.squarespace.com/green-technology-forum/2012/2/22/anna-cummins-of-5gyres-what-designers-can-do-about-ocean-pla.html

8　Hyrenbach, David, Nevins, Hannahrose, Hester, Michelle, Keiper, Carol, Webb, Sophie, and Harvey, James, "Seabirds Indicate Plastic Pollution in the Marine Environment: Quantifying Spatial Patterns and Trends in Alaska," Marine Debris in Alaska Workshop, February 14–15, 2008.

9　"Plastic Bags Kill Crocodile Found in Australian Tourist Zone," *Telegraph*, November 3, 2008, www.telegraph.co.uk/news/worldnews/australiaandthepacific/australia/3374894/Plastic-bags-kill-crocodile-found-in-Australian-tourist-zone.html

10　"Polluting Plastic Particles Invade the Great Lakes," National Meeting and Exposition of the American Chemical Society, April 8, 2013, http://portal.acs.org/portal/acs/corg/content?_nfpb=true&_pageLabel=PP_ARTICLEMAIN&node_id=222&content_id=CNBP_032565&use_sec=true&sec_url_var=region1&__uuid=80ee059b-20ff-4fc2-9fe1-b4c13f1b67f5

11　Andrady, Anthony, ed., *Plastics and the Environment*, Hoboken, NJ: John Wiley, 2003, 389.

12　U.S. Environmental Protection Agency, "Marine Debris Impacts," http://water.epa.gov/type/oceb/marinedebris/md_impacts.cfm

13　Ibid.

14　Scientific and Technical Advisory Panel (STAP), "Marine Debris as a Global Environmental Problem," Global Environment Facility, Washington, DC, November 2011, www.thegef.org/gef/sites/thegef.org/files/publication/STAP%20MarineDebris%20-%20website.pdf

15　Cima, Roseann, "How Much Recycling Actually Gets Recycled," *Stanford Magazine*, http://alumni.stanford.edu/get/page/magazine/article/?article_id=47701

16　Themelis, Nicholas J., and Todd, Claire E., "Recycling in a Megacity," Technical Paper, *Journal of the Air & Waste Management Association*, Volume 54, April 2004, 389–395, www.seas.columbia.edu/earth/wtert/sofos/Themelis_Recycling_in_a_Megacity.pdf

17　U.S. Environmental Protection Agency, "Plastics."

18　Ibid.

后石油时代的设计

19 Hopewell, Jefferson, Dvorak, Robert, and Kosior, Edward, "Plastics Recycling: Challenges and Opportunities," *Philosophical Transactions of the Royal Society B*, Volume 364, Number 1526, July 27, 2009, 2115–2126, http://rstb.royalsocietypublishing.org/content/364/1526/2115.full

20 Edwards, Katie, "Waste and Recycling Facts," Clean Air Council, www.cleanair.org/Waste/wasteFacts.html

21 U.S. Environmental Protection Agency, "Plastics".

22 Jefferson et al., "Plastics Recycling: Challenges and Opportunities"; U.S. Environmental Protection Agency, Report, "Municipal Solid Waste Generation, Recycling, and Disposal in the United States: Facts and Figures for 2008," Washington, DC, www.epa.gov/osw/nonhaz/municipal/pubs/msw2008rpt.pdf

23 Azapagic, Adisa, Emsley, Alan, and Hamerton, Ian, *Polymers: The Environment and Sustainable Development*, Hoboken, NJ, John Wiley, 2003, 109.

24 Themelis and Todd, "Recycling in a Megacity."

25 Rathje, William, and Murphy, Cullen, *Rubbish!: The Archaeology of Garbage*, New York: Harper Collins, 1992, 114.

26 Hopewell et al., "Plastics Recycling: Challenges and Opportunities."

27 Rathje, William, "Rubbish!" *The Atlantic*, December 1989, 1–10, http://infohouse.p2ric.org/ref/30/29559.pdf

28 Aucott, Michael, "The Fate of Heavy Metals in Landfills: A Review," Report, New York Academy of Sciences, New York, February 2006.

第 6 章

毒　性

钻井和漏油

最终，世界上所有的50亿吨塑料垃圾将把它们的有毒物质释放到环境中。随着时间的推移，一些会被中和，而一些则会造成危害。究竟会造成多大的危害？这很难讲，因为几乎已经生产的所有塑料制品仍然是完好无缺的，而且在实验室开展的降解测试不能完全模拟出长期的环境状况。但是，塑料并不是要等到降解时才会把有毒物质释放到环境中。虽然石油公司、塑料（或塑料制品）生产商、垃圾处理商和回收商每年花费数十亿以阻止有毒物质逸出，但它们的工作却并不是万无一失的。因此，漏油、炼油、塑料（或塑料制品）的生产以及塑料制品的使用、处理和回收都为环境中有毒物质的释放提供了可乘之机。在美国，每年有超过25万加仑的石油和化学物质泄漏，并且仅炼油厂就向大气排放了50多万吨污染物。[1]

我们的塑料厂生产了多少塑料？无人能给出一个明确的答案。但是，我们可以举个例子来说，美国目前有16家主要的聚氯乙烯（PVC）生产厂商。根据美国环保署的说法，每一家"每年排放了或者可能排放了10吨或10吨以上任意一种空气污染物，或者25吨或更多的空气污染物相互反应的生成物"。也就是说，该国每年仅一种塑料材质的生产就可能排放400吨有毒物质。让我们梳理一下今天塑料制品的全生命周期，看看这些有毒颗粒是怎么产生的，以及它们是如何被释放出来的。[2]

塑料制品的生命周期开始于地下，即世界各地的油田，而石油开采可能是有害的，特别是如果原油泄漏到我们的水道之中。当原油泄漏事件发生时，含有"烃类馏分"的原油就会进入环境中。这些自然形成的物质可能含苯、二甲苯、甲苯和乙苯。好消息是，这四种有毒物质通常会在漏油事件发生后的48小时内挥发，并且不会在体内长期存在。坏消息是，据疾病控制中心介绍，这四者"可能造成神经功能缺损，而暴露（皮肤接触、眼睛接触、食入或吸入，下同——译者注）在含苯的环境中还会引发血液病，包括再生障碍性贫血和急性骨髓性白血病"。[3]

甚至用来分散泄漏的原油的化学物质都可能是有毒的。这些分散剂实际上完全没有把泄漏的原油"清理干净"。它们只是把原油分解成更小的颗粒。它们可以减轻漏油对野生动植物的影响，但是，被分散的颗粒可能重新聚集并下沉，而生活在深海中的水生生物会暴露在有它们的地方。处理一起原油泄漏事件所使用的分散剂的数量可能是惊人的。据报道，在"深水地平线"钻井平台爆炸引发的漏油灾难发生后，英国石油公司往墨西哥湾倾倒了约200万加仑。他们用的分散剂是Corexit，自1989年阿拉斯加港湾漏油事件发生以来一直在使用。1997年，埃克森石油公司对Corexit所做的一项研究发现，它"对大多数水生生物有低毒性或中等毒性"，且"对处在早期生活史阶段的鱼类、甲壳类动物和软体动物有中等毒性"。据美国国立卫生研究院介绍，Corexit 9527含有毒物质乙二醇单丁醚（EGBE），"这是一种石油化学溶剂，容易通过皮肤吸收"，并警告，"长时间或反复暴露在含EGBE的环境中，如吸入或大面积皮肤接触，可能损害血液细胞和肾脏"。[4, 5, 6, 7]

在清理英国石油公司泄漏的原油期间暴露在Corexit之中的工人讲述了他们身体出现的种种恼人的症状。杰米•格里芬是一座"水上旅馆"的大厨，这些旅馆是用来安置清污的工作人员的，她诉苦道，"我的喉咙感觉像吞了刮胡刀的刀刃一样"。"神经像要从皮肤里钻出来一样。真的好疼。我的右腿肿了——脚踝都快和小腿一样粗了——皮肤也奇痒无比"。她的症状绝不是孤例，路易斯安那州的医生迈克尔•罗比乔克斯接待了格里芬和其他100多个有相似症状的患者，据他所说，"[我]从来没有见过这些症状同时出现：皮肤问题，神经功能缺损，以及肺部问题"。"海湾战争之后，有些回国的士兵患海湾战争综合征，他们身上就有这些症状"，他总结道。[8]

为处理"深水地平线"灾难而使用的化学分散剂所造成的危害，可能比1.85亿加仑未经分散的、漂到海岸边的原油带来的影响要小，但是究竟能不能把使用有毒分散剂叫作"清理"，这个问题值得我们三思。事实上，发表在《环境污染》期刊上的一项研究发现，虽然Corexit 9500的毒性和原油相当，但当二者结合，毒性增加了52倍。[9]

塑料与炼油

为了将原油变成塑料、汽油以及其他有用的物质，炼油厂必须对原油中的数百种不同的碳氢化合物进行分离。蒸馏原油是一个复杂的过程，涉及几十个阶段，每个阶段都有自己的专用设备。炼油厂的建造要花费数十亿，一些厂每天可以加工近100万桶原油。虽然今天的炼油厂向大气排放的有害污染物比20世纪的要少得多，但是炼油仍然是有毒废弃物的主要来源。根据美国环保署编制的2008年"国家排放清单"（NEI），炼油厂每年向大气排放近50万吨污染物，"清单"还补充道，"我们认为NEI可能低估了石油和天然气生产过程的排放"。[10]

不管精确的数字究竟是多少，炼油厂释放的有害物质对我们的健康造成了严重威胁。正如NEI解释的，

> 这个行业[石油和天然气生产]排放的有害污染物包括空气污染物，如苯、甲苯、乙苯和二甲苯；标准污染物和臭氧前体物，如氮氧化物和挥发性有机化合物；以及温室气体如甲烷。这些污染物可能对健康造成严重影响，如引发癌症、呼吸道疾病，加重呼吸道疾病，过早死亡等。

此外，美国环保署还指出，炼油厂排放的有害物质可能还包括二氧化硫、一氧化碳、萘、氟化氢、氰化氢和硫化氢。[11]

但是，情况正在好转。根据NEI的说法，1990年至2002年，炼油厂排放的空气污染物（它们总的有害排放的一部分）减少了91%。但是，这并没有消除人们的担忧。例如，一个由社区和公益组织组成的联合体向美国环保署投诉，2009年至2013年，得克萨斯州20座炼油厂和天然气厂发生的"排放事件"（因事件而导致未经允许的排放）就有近50000吨。得克萨斯州阿瑟港"电力与发展社区"主任希尔顿•凯利说："许多人吸入了有毒烟气并患病；在我的家乡，每5个家庭中就有1个家庭有成员患上呼吸道疾病或者其他因化学暴露而引发的疾病。"[12, 13]

另一个担忧是，目前石油产量的增加意味着要炼更多的油，因此有更多的排放。天然气和石油生产已经是美国温室气体的第二大来源，仅次于发电厂，并且美国环保署预测，到2025年，陆上原油产量将增长30%。而塑料产量也在增加，由此可见，炼油和塑料生产所导致的有毒排放并不会很快远离我们。[14]

制造业的黑名单

美国环保署在一份有毒化学物质清单上列出了31种化学物质，其中19种存在于塑料、废旧塑料或者塑料生产排放的污染物之中。原油经提炼、裂解成各种石化基本原料（单体），再经聚合反应生成聚合物后，它就会与增塑剂、稳定剂和软化剂相混合。这些添加剂可以让塑料具有质量轻、强度大、韧性好、刚性高、坚

硬或柔软等特性；但是它们也可能含有毒物质，如双酚A、邻苯二甲酸酯、环氧乙烷以及多种重金属。处理这些化学物质也可能会向大气排放有毒物质，因为可能会燃烧一些由其制成的塑料制品。幸运的是，在任何一件塑料中，它们只有很少的量。但是，美国环保署警告，"即使只释放极少的量，它们也会积聚并可能带来环境问题"。美国塑料制品生产厂每年报告的有毒污染物排放共计超过85吨。[15]

邻苯二甲酸酯——每年32562磅

邻苯二甲酸酯，发音是THAL-ates，是添加到石油聚合物之中的增塑剂，可以让塑料更有韧性。它们出现在各种不同的消费品中，包括建筑材料、儿童玩具、清洁剂甚至药物。与许多增塑剂不同的是，邻苯二甲酸酯在塑料中不会形成化学键，这使得它们更容易被释放到环境中并进入人体。它们"一般随食物一起被食入"。研究发现，它们会使动物患上癌症，并且可能干扰人的内分泌和免疫系统。美国2008年《消费品安全改进法》禁止在儿童玩具和某些儿童护理用品中使用三个品种的邻苯二甲酸酯。但是，它们仍然是聚氯乙烯（PVC）这一第三常见塑料材质首选的增塑剂。[16, 17]

双酚A——每年1823磅

还记得利奥·亨德里克·贝克兰发明的酚醛塑料中的石油基成分——酚吗？当与丙酮化合，就生成双酚A（BPA），这是一种化合物，用于生产各种不同的塑料制品，如奶瓶、CD、食品容器和管道。美国国家毒理学规划处"对人类目前暴露在含有双酚A的环境中对胎儿、婴儿和儿童的脑部、行为和前列腺的影响有一些担忧"。

美国环保署则更明确地表示，"因为BPA是影响生殖、发育和全身的有毒物是对动物研究得出的结论，且其具有弱的雌激素效果，所以对于它们可能存在的影响，尤其是对儿童健康和环境的影响还存在疑问"。他们还向消费者保证，"研究……表明人体和环境中的BPA含量低于可能带来负面影响的含量"。

"但是"，他们补充道，"一些近期的研究结果对可能造成的环境影响表达了担忧，因为确定会带来负面影响的浓度可能与敏感水生生物目前身处环境中的浓度相似"。这些担心使中国、加拿大、欧盟（EU）以及其他地方的政府禁止在一些产品中使用BPA，或者像加利福尼亚州那样，要求贴上警示标签。美国环保署表示，它打算在《有毒物质控制法》中将BPA列为"危险化学品"。[18, 19]

二恶英——每年71磅

聚氯乙烯也是塑料中主要的二恶英来源，二恶英是多种有毒的、内分泌和免疫系统的干扰物，被疑致癌。它们可以通过某些塑料和其他废弃物的燃烧进入环境。它们在环境中分解极其缓慢，而且大多数人体内能检出一定数量该物质。多亏有了美国环保署的规范、政府法令和企业自律，现在排放到大气中的二恶英只是以前的10%。但是，美国环保署警告，目前的暴露水平仍令人担忧。

布法罗大学发布的一份报告的作者是这样解释这些担忧的：

二恶英的毒性之所以这么强，是因为它们会在体内聚积，一旦进入体内，二恶英的分子就会附着在细胞中特定的受体分子上。这与体内的天然酶与细胞受体发生反应——"一把钥匙开一把锁"的生物化学反应过程类似，唯一的问题是二恶英不是体内本来就有的。当二恶英分子附着在受体上，它会改变基因调控和细胞功能。当细胞的功能被改变，该细胞就会发生突变。鉴于此，美国环保署将二恶英视为一种潜在的致癌物。二恶英具有激素的作用。这些激素会影响鱼类和所有哺乳动物的生殖发育。这会导致它们的繁殖频率或繁殖数量下降。如果这些化学物质不断地被排入水道，这些动物的数量会逐渐减少。毒性最强的二恶英是2，3，7，8—四氯二苯并—p—二恶英（或TCDD）。在橙剂中和密苏里州的时代海滩就发现了这一有毒污染物。[20, 21]

乙二醇——每年48198磅

乙二醇被用作增塑剂和稳定剂，聚酯纤维、聚对苯二甲酸乙二醇酯（PET）瓶、乳胶漆以及许多其他常见商品中都含有这一物质。按照美国疾病控制与预防中心的说法，"乙二醇在体内经过化学反应，被分解为有毒化合物。它和它的有毒副产品首先影响中枢神经系统，然后是心脏，最后是肾脏。食入足够的量就可能致命"。不过，他们还指出，接触或吸入不可能引起"全身中毒"。

但是，美国有毒物质控制中心协会1997年和1998年分别报告了"超过4800起和6000起因暴露于含有乙二醇的环境中引起中毒的案例。虽然这些案例中的大多数不是有意为之，但是1997年和1998年分别有21起和22起案例是致命的。这些报告是基于一个监测系统做出的，该系统低估了实际的暴露数量"。该中心还补充道，大多数塑料制品使用者不必担心暴露在含有乙二醇的环境中会引起急性或慢性中毒，因为它在环境中会很快分解。[22, 23]

二氯甲烷——数量未知

二氯甲烷是一种溶剂，最常用于制作聚氨酯泡沫板。按照美国环保署的说法，它"会带来健康风险，即当人们吸入含有这种化合物的空气时"。美国职业安全与健康管理局认为二氯甲烷是"一种潜在的职业致癌物。短时间暴露于高浓度之中可能引起意识模糊、头晕、恶心、呕吐和头痛。而长时间的暴露还可能刺激眼睛和呼吸道。暴露于含有二氯甲烷的环境中可能使心绞痛症状更加严重。皮肤接触液体二氯甲烷可能引起刺痛或者化学烧伤"。[24]

重金属——数量各异

重金属是有毒的、自然生成的金属。铅（每年76343磅）、钡（每年1024磅）和镉（每年194磅）等重金属可能作为稳定剂被添加到聚氯乙烯中，可能导致肾损伤、不育和癌症。铅被用作塑料稳定剂，并且是一种可能的人类致癌物。它可能影响体内的每个器官和系统。长时间的暴露可能导致神经系统功能受损，手指、手腕或脚踝无力，血压小幅上升，以及贫血。暴露在有大量铅的环境中可能严重损伤脑部和肾脏，并最终导致死亡。对于孕妇来说，暴露在有大量铅的环境中可能导致流产。对于男性而言，它可能损害生成精子的器官。

硫酸钡被用作塑料里的填料。短时间暴露在含有钡的环境中可能引起呕吐、腹部绞痛、腹泻、呼吸困难、血压上升或下降以及肌无力。摄入大量钡可能导致高血压、心律失常或瘫痪，还可能导致死亡。

镉作为稳定剂被添加到聚氯乙烯中，是已知的致癌物。吸入大量镉可能严重损伤肺部。而食入大量镉则会严重刺激胃部，引起呕吐和腹泻。长期暴露在较少的量中会使其积存于肾脏，还可能导致肾病、肺损伤和骨质疏松。基于这些担心，欧盟正考虑禁止在所有塑料中使用镉，此前已经禁止将其用于某些塑料。[25, 26]

除了这些有毒物质之外，美国环保署列出的31种有毒化学物质清单中，还包括存在于塑料或废旧塑料中的16种其他化学物质。但是上述物质可能对生物造成的影响在清单中有明确说明。任何一件塑料或者其生产过程排放的污染物中的任何一种有毒物质究竟有多少？答案是各不相同，并且一些塑料根本不含有毒物质。但是，这些有毒物质即便只有少量，都可能在环境和我们的组织中累积。

美国塑料厂每年排放65000多吨有毒污染物。这足以将从波士顿到巴尔的摩一字排开的皮卡车装满。其中有一半多被释放到大气中；其余的则被输送到公共污水处理厂。没有人说得出一件塑料制品中含有多少有毒颗粒；有的根本不含有毒物质，而有的则因为毒素含量过高而被禁用。众所周知，通过接触或食入，塑料制品可以将有毒物质转移到人体中，而食用和饮用塑料容器中的食品和饮料是主要途径。另一个途径是吸入。每生产1吨聚苯乙烯（最常见的塑料），就有100多磅颗粒被释放到大气中。虽然自2002年以来，为减少塑料生产过程中有毒物质的排放而采取了更多的预防措施，但塑料产量也增加了40%，这意味着有毒污染物的排放可能也增加了。

使用和暴露

虽然吸入和皮肤接触引起了人们的关注，但食入是塑料颗粒进入人体的主要途径。塑料是最常见的食品包装材料，并且有毒物质可能借由塑料容器侵入人体。不过，按照美国化学理事会发言人凯瑟琳·默里·圣约翰的说法，"所有要与食品接触的材料在上市前必须符合美国食品药品监督管理局（FDA）提出的严格的安全要求"。但是，政府提出的安全要求并不能保证我们的食品和饮料不含有毒物质。例如，美国自然资源保护委员会在对100多份瓶装水样品进行测试后发现，其中近1/4所含的污染物超过了州或联邦规定的限值。发表在《环境健康展望》期刊上的另一项研究抽取了72份常见食品样品，在每一份样品中都发现了邻苯二甲酸酯。作者总结道，"虽然在此项研究中，各个品种的邻苯二甲酸酯的摄入

表6.1

橡胶和塑料工业每年释放的排名前10的有毒化学物质和化合物

有毒物质	数量（吨）	影　响
苯乙烯	12718	短时间暴露刺激黏膜和眼睛，引起胃肠道不适。长期暴露影响中枢神经系统（CNS），如出现头痛、疲劳、四肢无力、抑郁、中枢神经系统功能失调、听力丧失和周围神经病变等。
二硫化碳	3969	短时间暴露可能引起头痛、头晕、疲劳，刺激眼睛、鼻子和喉咙。暴露在高浓度中可能导致呼吸困难或呼吸衰竭。皮肤接触可能导致严重烧伤。长期暴露在超标的高浓度之中可能导致周围神经损伤和心血管疾病。一些研究认为长期暴露还可能影响生殖。
甲苯	3674	吸入或食入可能引起头痛、意识模糊、四肢无力和失忆。甲苯还可能影响肾功能和肝功能。一些研究显示，当怀孕的动物吸入高浓度的甲苯，它肚子里的宝宝会受到伤害，而怀孕的动物没有出现同样的症状。这些研究结果可能也适用于人类。

后石油时代的设计

（续表）

有毒物质	数量（吨）	影　响
甲乙酮	2205	短时间内吸入中等数量可能影响神经系统，表现有头痛、头晕、恶心、手指和脚趾麻木，以及失去知觉。它的蒸气刺激皮肤、眼睛、鼻子和喉咙，还可能伤害眼睛。反复暴露于中等数量或很大的量之中可能损害肝脏和肾脏。
1-氯-1,1-二氟乙烷	1964	被列为含氯氟烃制冷剂，因其会破坏臭氧层。
二甲苯（异构体混合物）	1595	吸入、食入或皮肤接触二甲苯后，其会很快被身体吸收。短时间暴露在含有大量二甲苯的环境中可能引起皮肤、眼睛、鼻子和喉咙不适，呼吸困难，肺功能受损，记忆受损，还可能损害肝脏和肾脏。短期和长期暴露于高浓度之中可能产生不良影响，如头痛、头晕、意识模糊和肌肉不协调。
锌化合物	1519	锌是一种微量营养元素；经食入进入体内的锌毒性很低。严重的暴露，即吞下锌粉，可能引起胃炎，并伴有呕吐。短期暴露在极大的量之中会导致昏睡、头晕、恶心、发烧、腹泻，以及可逆的胰脏和神经损伤。长期的锌中毒导致易怒、肌肉僵硬和疼痛、食欲不振和恶心。氯化锌燃烧产生的烟气会对黏膜和皮肤造成伤害。食入可溶的锌盐可能引起恶心、呕吐和腹泻。
甲醇	1370	甲醇容易经胃肠道和呼吸道被吸收，而中等剂量和大剂量会使人中毒。甲醇在体内被转化为甲醛和甲酸。据观察，大剂量引起的毒性作用通常包括中枢神经系统损伤和失明。长期以来一直吸入大量甲醇可能导致动物的肝脏和血液细胞受损。
二氯甲烷	1021	短期经吸入进入人体主要是影响神经系统，表现包括视力、听力和运动功能下降，但是暴露停止后，这些影响都是可逆的。长期暴露可能对人和动物的中枢神经系统造成损伤。人的研究数据还不能就二氯甲烷和癌症之间的相关性给出一个明确的结论。动物研究显示，在吸入二氯甲烷后，患肝癌、肺癌和良性乳腺肿瘤的动物数量增加了。
1-氟-1,1-二氯乙烷	973	暴露可能对中枢神经系统有麻醉作用，刺激眼睛，导致窒息和皮肤脱脂。吸入可能引起头晕、四肢无力、疲劳、恶心和头痛。食入可能引起胃肠道不适、恶心、呕吐和腹泻。过度暴露可能导致心血管功能受损。

注　释：美国环保署的《橡胶和塑料工业概况》第2版，列出了橡胶和种类繁多的塑料制品的生产商释放的110种有毒物质。

来　源

美国环保署，《橡胶和塑料工业概况》，第2版，华盛顿哥伦比亚特区，2005年2月，www.epa.gov/compliance/resources/publications/assistance/sectors/notebooks/rubplasn.pdf

美国环保署，"苯乙烯"，www.epa.gov/ttnatw01/hlthef/styrene.html

美国环保署，"亚甲基"，www.epa.gov/ttnatw01/hlthef/methylen.html

量据估计比美国环保署的参考剂量低了一个数量级以上，但是累计的邻苯二甲酸酯暴露剂量令人担忧"。[27, 28]

对于他们来说，虽然美国环保署说他们认为暴露在含有邻苯二甲酸酯的环境中和人类健康之间"不存在因果关系"，但是他们"关注邻苯二甲酸酯是因为其毒性，并且有证据表明人类广泛暴露在含有它们的环境中，并且它们在环境中也广泛存在"。由于有这些担忧，美国环保署称它打算把8个品种的邻苯二甲酸酯列入《有毒物质控制法》的"危险化学品"清单（有极大的危害健康或环境风险的化学物质清单）。[29]

至于双酚A（BPA），美国环保署说，"人类的暴露途径似乎主要是通过用BPA生产的食品包装"。鉴于此，再加上BPA的毒性和大排放量（每年超过100万磅被释放到环境中），美国环保署表示，它计划把BPA列入《有毒物质控制法》的"危险化学品"清单。不过，美国食品药品监督管理局对此却不以为然。2012年，在驳回了一项禁用BPA的请求后，他们总结道，虽然"一些研究提出，BPA是否可能对健康有某些影响，但关于这些研究仍存在严重质疑，尤其是因为它们与人类和对公共卫生的影响有关"。

塑料并没有消失

6种制造了最危险废弃物的化学物质中，有5种被用于生产塑料。由于目前的回收利用率只有8%，因此塑料在废弃物中有很大的量——每年约2000万吨。几乎所有这些被堆放在我们国家的垃圾填埋场里，而且正如我们所看到的，它们不会很快分解。就目前而言，这可以算是好消息，因为这意味着包括邻苯二甲酸酯、双酚A和甲苯在内的数吨有毒物质可能还没有降解并进入环境。但是，构成我们的塑料制品的聚合物在垃圾填埋场里降解非常缓慢，并不意味着它们的有毒物质不会渗出。[30]

现代垃圾填埋场设计力求通过要求铺设塑料防渗垫衬和渗滤液收集系统来减少渗漏。即便如此，溶解的有毒化学物质还是可以穿过垃圾填埋场里的多孔材料，最终污染周围的地下水。事实上，美国环保署得出的结论是，所有的垃圾填埋场最终都会有渗滤液渗漏到环境中。在美国，还有多达100000个垃圾填埋场没有铺设防渗垫衬。被美国地质调查局列为典型的是俄克拉何马州诺曼市的诺曼垃圾填埋场。该填埋场已于1985年关闭，它的有毒渗滤液"羽毛"渗入地下并进入了加拿大河的一条支流，加拿大河绵延900多英里，流经俄克拉何马州、得克萨斯州和新墨西哥州。

但是，有多少从垃圾填埋场渗出的有毒物质来自塑料？俄亥俄州的新莱姆垃圾填埋场提供了一些线索，该填埋场以前是美国环保署授权清除的一处污染点。对该地释放的有害物质所做的详细分析发现了12种用在塑料中的化学物质。对威斯康星州垃圾填埋场渗滤液所做的一项类似研究发现，该州95%的垃圾填埋场里存在塑料溶剂、甲苯等最常见的污染物。另一项研究在接受测试的欧洲大多数垃圾填埋场里发现了邻苯二甲酸酯，并指出聚氯乙烯是可能的来源之一。[31]

塑料中的重金属可能是最令人担心的。美国垃圾填埋场每年接收超过50万吨重金属，包括1000吨镉，其中的一半来自塑料里的着色剂或稳定剂。在美国许多垃圾填埋场的渗滤液里发现的镉含量是州饮用水法规规定的污染物最高允许量的40多倍。[32]

减少垃圾填埋场里塑料数量的一个方法是把它烧掉。美国每年焚烧的城市固体废弃物足够将从大西洋一直排到太平洋的半挂车装满，而其中有超过250万吨是塑料。因为塑料是用像石油和天然气这样的高能量物质制成的，焚烧它产生的能量可能比其他城市固体废弃物的都要多。如果在转废为能设施中焚烧，塑料产生的蒸汽可以用来为建筑供暖或发电。但是，塑料焚烧不仅仅产生热和电。还会排放有害污染物，包括碳氧化物、硫氧化物、氮氧化物、二恶英和呋喃。一项研究在塑料焚烧产生的废弃物中发现了21种大气污染物。虽然焚烧塑料可以将其体积缩减至原来的10%，但剩下的灰通常会被运往垃圾填埋场。随着转废为能设施效率的提高，焚烧塑料可以成为一种可行的处理方法。但就目前而言，为什么只有不到1%的废旧塑料化为灰烬，也就不难理解了。[33]

塑料与气候

在美国，我们每天烧掉的9000万桶油产生超过40000吨二氧化碳（CO_2），足以将洋基体育场装满27000多次。但是，一说起CO_2排放量，我们往往会想到的是小汽车和发电厂，而不是塑料。美国的车辆保有量超过了2.5亿辆，每辆车每英里排放的CO_2约为1磅，而小汽车是CO_2的主要来源之一。发电厂每发1度电，释放约1磅CO_2，这让它们成为比小汽车更大的污染源。但是，生产1磅常见塑料，如聚乙烯（HDPE、LDPE和PET），产生约2磅CO_2。塑料制品生产厂的大部分排放来自用于产生化学反应、混合溶剂、加热合成树脂和加入添加剂的设备。其他来源包括储存罐、设备泄漏、废水处理、燃烧源以及清洁和表面涂层处理。[34]

塑料在焚烧时也会释放CO_2。焚烧每吨聚乙烯排放约1.3吨CO_2。发表在《能源与环境科学》期刊上的一项研究发现，焚烧塑料释放的CO_2是填埋的18倍。被填埋的塑料产生的排放非常少（每吨聚乙烯是0.04吨），但是最终世界上所有的50亿吨塑料垃圾将释放其隐含二氧化碳，使大气中的CO_2增加约100亿吨。[35]

石油基塑料生产每年产生近1万亿磅CO_2，这足以让全球气候变化成为常态，即使我们今天在交通运输、采暖、制冷、生产和发电等活动中转而使用清洁能源。如果我们想要减慢全球气候变化的速度，我们必须对塑料有所行动。阻止全世界石油基塑料数量的激增将使一个每年产生万亿磅排放的工业的CO_2排放量降低，也会让美国减少对进口化石燃料的依赖。

塑料有许多优点。例如，塑料包装和塑料制品通常比替代物轻，减少了燃料消耗，并且在某些情况下，减少了CO_2排放量。不过，石油基塑料对我们的健康和环境的影响也让我们对它的价值产生了怀疑。因为它是用不可再生的化石燃料制成的，最终我们别无选择，只能将它放弃。考虑到它对环境和健康的影响，我们何不现在就减少对塑料的依赖，而不是等到用来生产塑料的石油耗尽了才开始行动？

注　释

1　Levin, Alan, "Oil spills escalated in this decade," *USA Today*, June 8, 2010, http://usatoday30.usatoday.com/news/nation/2010-06-07-oil-spill-mess_N.htm; U.S. Environmental Protection Agency, "2008 National Emissions Inventory, Draft version 2," Report, Washington, DC, June 2012, www.epa.gov/ttnchie1/net/2008neiv2/2008_neiv2_tsd_draft.pdf

2　U.S. Environmental Protection Agency, Fact Sheet: Proposed Air Toxics Standards for Polyvinyl Chloride and Copolymers (PVC) Production," Washington, DC, 2011, www.epa.gov/ttn/oarpg/t3/fact_sheets/pvcpropfs20110415.pdf

3　U.S. Agency for Toxic Substances and Disease Registry, "Interaction for Benzene, Toluene, Ethylbenzene, and Xylenes," www.atsdr.cdc.gov/interactionprofiles/ip-btex/ip05-c1.pdf

4　U.S. National Library of Medicine Toxicology Data Network, "Corexit 9500," http://toxnet.nlm.nih.gov/cgi-bin/sis/search/r?dbs+hsdb:@term+@na+corexit+9500

5　Hertsgaard, Mark, "The Worst Part about BP's Oil-spill Cover-up: It Worked," April 22, 2013, http://grist.org/business-technology/what-bp-doesnt-want-you-to-know-about-the-2010-gulf-of-mexico-spill/

6　George-Ares, Anita and Clark, James R., "Acute Aquatic Toxicity of Three Corexit Products: An Overview," International Oil Spill Conference Proceedings, 1997, 1007–1008, http://ioscproceedings.org/doi/pdf/10.7901/2169-3358-1997-1-1007

7   U.S. National Library of Medicine Toxicology Data Network, "Corexit 9527," http://toxnet.nlm.nih.gov/cgi-bin/sis/search/r?dbs+hsdb:@term+@na+corexit+9527

8   Hertsgaard, "The Worst Part about BP's Oil-spill Cover-up: It Worked."

9   Rico-Martinez, Roberto, Snell, Terry, and Shearer, Tonya, "Synergistic Toxicity of Macondo Crude Oil and Dispersant Corexit 9500A to the Brachionus Plicatilis Species Complex (Rotifera)," *Environmental Pollution*, Volume 173, February 2013, 5–10, www.sciencedirect.com/science/article/pii/S0269749112004344

10   U.S. Environmental Protection Agency, "2008 National Emissions Inventory, Draft version 2."

11   U.S. Environmental Protection Agency, "EPA Needs to Improve Air Emissions Data for the Oil and Natural Gas Production Sector," Report, Washington, DC, February 20, 2013, www.epa.gov/oig/reports/2013/20130220-13-P-0161.pdf; U.S. Environmental Protection Agency, "Improvements in Air Toxics Emissions Data Needed to Conduct Residual Risk Assessments," Washington, DC, October 31, 2007, www.epa.gov/air/tribal/pdfs/presentationpetroleumrefineries14Dec11.pdf

12   Ibid.

13   "Groups: Texas Groups Ask EPA Inspector General to Investigate Thousands of Tons of Pollution Released During 'Upsets' at Texas Gas and Petrochemical Plants," Houston, Texas, April 23, 2013, www.environmental-integrity.org/news_reports/documents/042313EIPTXUpsetEmissionsEPATCEQletterreleaseFINAL1.pdf

14   Drajem, Mark, "Oil, Gas Production among Top Greenhouse-Gas Sources," *Bloomberg News*, February 8, 2013, www.bloomberg.com/news/2013-02-05/greenhouse-gas-emissions-fall-in-u-s-power-plants-on-coal-cuts.html; U.S. Environmental Protection Agency, "EPA Needs to Improve Air Emissions Data for the Oil and Natural Gas Production Sector."

15   U.S. Environmental Protection Agency, "Priority Chemicals," www.epa.gov/osw/hazard/wastemin/priority.htm

16   U.S. Environmental Protection Agency, *Profile of the Rubber and Plastics Industry*, 2nd Edition, Washington, DC, February 2005, www.epa.gov/compliance/resources/publications/assistance/sectors/notebooks/rubplasn.pdf

17   U.S. Environmental Protection Agency, "Phthalates," www.cpsc.gov/phthalates

18   National Institute of Environmental Health Sciences, "Bisphenol A (BPA)," www.niehs.nih.gov/health/topics/agents/sya-bpa/

19   Ibid.; Lee, Stephanie M., "California Decides Chemical BPA Is Toxic," April 12, 2013, www.sfgate.com/bayarea/article/California-decides-chemical-BPA-is-toxic-4428719.php; Beveridge & Diamond, P.C., "Update on TSCA Developments in Congress and at EPA," March 22, 2012, www.bdlaw.com/assets/attachments/BD%20Client%20Alert%20-%20Update%20on%20TSCA%20Developments%20in%20Congress%20and%20at%20EPA.pdf

20   U.S. Environmental Protection Agency, "Dioxin," Environmental Assessment, http://cfpub.epa.gov/ncea/CFM/nceaQFind.cfm?keyword=Dioxin; U.S. Environmental Protection Agency, "Dioxins and Furans," Persistent Bioaccumulative and Toxic (PBT) Chemical Program, www.epa.gov/pbt/pubs/dioxins.htm; U.S. Environmental Protection Agency, "Fact Sheet: Proposed Air Toxics Standards for Polyvinyl Chloride and Copolymers (PVC) Production."

21   Doyle, Matthew, et al., "Paper Versus Plastic," Course Material for Introduction to Polymers, Department of Chemical and Biological Engineering, University at Buffalo, www.eng.buffalo.edu/Courses/ce435/PvsP1/PvsP.html

22 Centers for Disease Control and Prevention, "Ethylene Glycol: Systemic Agent," Emergency Response Safety and Health Database, www.cdc.gov/niosh/ershdb/EmergencyResponseCard_29750031.html

23 Scalley, Robert D., Ferguson, David, Piccaro, John, Smart, Martin, and Archie, Thomas, "Treatment of Ethylene Glycol Poisoning," *American Family Physician*, Volume 66, Number 5, September 1, 2002, 807–813. www.aafp.org/afp/2002/0901/p807.html

24 U.S. Environmental Protection Agency, "Brief Summary: New EPA Regulations for Flexible Polyurethane Foam Production," 40 CFR, Part 63, Subpart OOOOOO, August 2008, www.epa.gov/ttn/atw/area/foamprodbs.doc; Agency for Toxic Substances & Disease Registry, "ToxFAQs for Methylene Chloride," February 2001, www.atsdr.cdc.gov/toxfaqs/tf.asp?id=233&tid=42; U.S. Department of Labor, "Methylene Chloride," Occupational Safety & Health Administration, 2003, www.osha.gov/Publications/osha3144.html

25 Martin, Sabine, and Griswold, Wendy, "Human Health Effects of Heavy Metals," Center for Hazardous Substance Research, Kansas State University, Environmental Science and Technology Briefs for Citizens, Issue 15, March 2009, https://www.engg.ksu.edu/chsr/outreach/resources/docs/15HumanHealthEffectsofHeavyMetals.pdf

26 "Europe Mulls Total Ban on Cadmium in Plastics," *PlasticNews*, January 15, 2013, www.plasticsnews.com/article/20130115/NEWS/301159995/europe-mulls-total-ban-on-cadmium-in-plastics

27 Freinkel, Susan, "Trace Chemicals in Everyday Food Packaging Cause Worry over Cumulative Threat," *Washington Post* online, April 17, 2012, www.washingtonpost.com/national/health-science/trace-chemicals-in-everyday-food-packaging-cause-worry-over-cumulative-threat/2012/04/16/gIQAUILvMT_story.html; Natural Resources Defense Council, "Bottled Water: Pure Drink or Pure Hype?" Updated July 2013, www.nrdc.org/water/drinking/bw/bwinx.asp

28 Schecter, Arnold, et al., "Phthalate Concentrations and Dietary Exposure from Food Purchased in New York State," *Environmental Health Perspectives*, Volume 121, Issue 4, April 2013, http://ehp.niehs.nih.gov/1206367/

29 U.S. Environmental Protection Agency, "Phthalates Action Plan," Revised March 14, 2012, www.epa.gov/oppt/existingchemicals/pubs/actionplans/phthalates_actionplan_revised_2012-03-14.pdf

30 U.S. Environmental Protection Agency, "Municipal Solid Waste Generation, Recycling, and Disposal in the United States: Facts and Figures for 2012," Washington, DC, www.epa.gov/osw/nonhaz/municipal/pubs/2012_msw_fs.pdf

31 U.S. Environmental Protection Agency, "New Lyme Landfill," Updated January 2012, www.epa.gov/R5Super/npl/ohio/OHD980794614.html; Jonssona, Susanne,, Ejlertsson, Jörgen, Ledin, Anna, Mersiowsky, Ivo, and Svensson, Bo H., "Mono- and Diesters from O-phthalic Acid in Leachates from Different European Landfills," *Water Research*, Volume 37, 2003, 609–617, http://wri.wisc.edu/Downloads/Projects/Final_WR03R006.pdf

32 Aucott, Michael, "The Fate of Heavy Metals in Landfills: A Review," Report, New York Academy of Sciences, New York, February 2006.

33 Andrady, Anthony, ed., *Plastics and the Environment*, Hoboken, NJ: John Wiley, 2003, 693; Cho, Renee, "What Happens to All That Plastic?" The Earth Institute, Columbia University, January 31, 2012, http://blogs.ei.columbia.edu/2012/01/31/what-happens-to-all-that-plastic/; Clariter, "Incineration," www.clariter.com/global-challenges/plastic-waste-management/incineration/; Li, Chun-Teh, Zhuang, Huan-Kai, Hsieh, Lien-Te, Lee, Wen-Jhy, and Tsao, Meng-Chun, "PAH Emission from the Incineration of Three Plastic Wastes," *Environment International*, Volume 27, Number 1, July 2007, 61–67, www.ncbi.nlm.nih.gov/pubmed/11488391; Rathje, William, "Rubbish!" *The Atlantic*, December 1989, 1–10, http://infohouse.p2ric.org/ref/30/29559.pdf

34 U.S. Environmental Protection Agency, "Plastics," Waste Reduction Model, www.epa.gov/climatechange/ wycd/waste/downloads/plastics-chapter10-28-10.pdf; U.S. Environmental Protection Agency, "Preferred and Alternative Methods for Estimating Air Emissions from Plastic Products Manufacturing," Report, Emission Inventory Improvement Program, December 1998, www.epa.gov/ttnchie1/eiip/techreport/volume02/ii11.pdf

35 U.S. Environmental Protection Agency, "Plastics"; Eriksson, Ola, and Finnveden, Göran, "Plastic Waste as a Fuel—CO2-neutral or not?" *Energy & Environmental Science*, Volume 2, 2009, 907–914, www.ecolateral.org/ plasticasafueirschem0709.pdf; U.S. Environmental Protection Agency, "Plastics."

第三部分

后石油时代的设计

第 7 章

什么是后石油时代的设计？

后石油时代

子孙后代将要继承的是一个后石油时代的世界，无论他们喜不喜欢，因为油井快要干涸了。问题是，我们是选择主动作为，现在就开始设计一个积极的、后石油时代的世界，还是继续无动于衷，等到石油耗尽了才发现我们没能未雨绸缪？如果我们今天不采用后石油时代的设计，想想会有什么后果。在这一极有可能发生的场景中，我们继续依赖石油，随着供应的减少，我们在全球范围内遭受巨大的冲击，社会陷入混乱。尤其是在美国，我们对石油的依赖更甚，而后果可能很严重。稀缺导致的价格快速上涨虽然能抑制需求，但这还不足以减轻冲击，而且无论出台多少绿色激励措施、税收政策或法规，都不能使消费快速下降，好让我们摆脱对石油的依赖；油井只是在加速干涸。

超过95%的车辆要消耗石油。想象一下没有卡车和火车，商业会是什么样？虽然卡车运输、火车运输和个人开车出行不会在一夜之间停止，但是想想每加仑10美元的汽油价格会对我们的交通运输、商业和日常生活带来什么影响。

随着供应量的下降，预计到2040年，全球需求将增长近10%。巴西、印度和中国这样的工业化国家的需求增长足以填补美国和欧洲需求减少造成的空缺。不是只有小汽车使用石油。到2024年，地球上的塑料数量将是今天的2倍。到那一年，我们要生产约4.3亿吨塑料。那样的消费增速，加上减少的石油产量，意味着2100年，我们可能需要用目前石油产量的一半来生产塑料。问题是，根据大多数的估计，2100年，已经没有相当可观的石油产量了。[1]

如果我们今天不能找到一种方法，以大幅削减石油的使用量，包括塑料，我们似乎将难以避免地遭受"经济冲击和社会动荡"，这是美国前能源部长詹姆斯·施莱辛格2005年向国会发出的警告。寻找替代能源和新的运输方式对于避免这一局面来说是不可或缺的。节能是至关重要的；但是仅有节能，哪怕还有新发现的石油和替代燃料技术，都是不够的。紧接着还要让设计发挥举足轻重的作用，以帮助我们迈向不依赖石油和塑料的后石油时代。

为什么设计很重要

> 很多时候，环境危机其实是设计危机。它是我们如何生产商品、如何建造建筑和如何使用景观所导致的结果。
>
> （西姆·范·德尔·赖恩和斯蒂芬·考恩，《生态设计》）[2]

为什么在我们迈向后石油时代的过程中，设计如此重要？在美国，交通运输消耗了几乎70%的石油。交通运输是一个设计问题。我们如何设计电动汽车，才能让人们愿意驾驶？我们如何重新设计基础设施，来为它们提供支持？除了目前的电动汽车热潮，还有没有更环保的交通选择？任何事物都经过了设计——我们的车子、我们的房子、我们的产品——我们生活中的这三样就消耗了美国99%的石油。但是在我们用上这些东西之前，必须有人对它们进行设计。[3]

我们用石油和塑料塑造的世界给我们带来了动力和便利，这是我们的祖先做梦都没有想到的，但是也让我们的健康和环境付出了沉重的代价。意识到这一点，我们现在的设计变得更加谨慎。今天的建筑和车辆必须达到更严格的节能标准，产品必须经过审核，以保证不会对地球和人类造成负面影响。还没有哪一种物质对我们的环境和健康的影响能超过石油。举例来说，燃烧化石燃料排放的二氧化碳是所有其他污染源总排放的10倍。因此，通过设计来减少石油的使用，可能是我们未来生活质量的首要决定因素。我们能否创造出一类新的车辆、住房和产品，能够少用石油，少对人类和地球造成伤害？答案是肯定的，我写这本书的目的就是分享设计师们振奋人心的故事，正是他们带领我们走向积极的后石油时代。[4]

后石油时代的设计

后石油时代的设计是关于人们采取行动，创造一个没有有害石油基产品和不再依赖石油的世界。我的公司——Gone Studio通过让产品不用塑料、不用电和在生产过程中不产生废弃物来做到这一点。巴塔哥尼亚公司的做法是用有机棉代替传统的聚酯户外用品。特斯拉和其他电动汽车制造商则是通过让不烧汽油的小汽车上路行驶来尽自己的一份力。还有许多其他的后石油时代先锋不断涌现，带头对石油说不，并拥抱清洁的可再生能源。

但这本书不仅仅是关于"绿色"公司或者减缓气候变化。它明确指向了石油时代的终结，并指出，即使我们能够躲开气候变化，我们还是不得不面对一个没有石油的世界。而这一天的到来也比大多数人预想的要早。问题是，我们是被动地等待它对我们发动突然袭击，导致依赖石油的经济崩溃并产生数不清的混乱，还是我们早作打算，顺势而为，逐渐转向使用可再生能源并创造一个更健康、更宜居的地球家园？

　　到本世纪末，无论我们乐意还是不乐意，我们都将进入后石油时代。全世界的石油供应量正在下降，随着储量的减少，开采剩余石油的成本将快速上升。最终，我们只会在有特殊需要时才使用它，而在其最常见的应用领域——运输和采暖燃料、包装和消费品——它将被替代。总有一天，生物燃料和生物塑料将取代化石燃料和石油基塑料。但是，由于生物燃料的产量只占到全球燃料产量的2.5%，并且生物塑料在今天的塑料市场中所占份额不到1%，这一天似乎离我们还很遥远。当然，更多的包装和产品将用再生塑料制成。但目前的塑料回收利用要消耗大量的能源，产生相当多的碳排放，还可能危害工人身体健康和环境。[5]

　　后石油时代的设计提供一种低能耗、低排放、低毒性、基于天然可再生材料的替代选择。虽然这里介绍的设计不是所有都不用塑料，但有些设计的创作者是坚决反对使用塑料的。Botzen Design的主管埃里克•斯特雷贝尔代表一些设计师表达了避免使用塑料的急切心情。"我们不能继续用塑料生产产品了"，他说，"不然我们会毁掉地球的。我们必须携起手来，生产和消费不用石油或塑料制成的产品。我们必须用别的材料。"[6]

　　与以前那个用基于石油的设计而建立起来的世界相比，后石油时代的设计可以创造一个更干净、更健康和更可持续的世界。后石油时代的设计师在世界各地的设计工作室、初创公司、实验室和乡村工作，他们拒绝使用石油，也不希望其对环境造成破坏，因此他们正在精心设计新产品和研发新技术，将我们从对不可再生能源和材料的依赖中解放出来。虽然有的人只是将工业化前的方法稍作改动并运用到现代环境，也有许多人探索创新技术，寻找新方法来创造不用石油的环保产品。

　　这本书认为从石油时代向后石油时代的转变不仅是一项技术变革，而且是一场设计运动。这是那些亲历了石油带来的破坏和寻求更好出路的人的体会和叙述。里面既有我作为Gone Studio（后石油时代的设计公司，生产不含塑料的商品并且做到零废弃物和零能耗）的创始人和所有人的经验，也包含了对40多个其他设计师和产品的访谈和介绍。从他们和我的工作当中，可以提炼出后石油时代设计的一般原则和做法，从而为设计一个没有石油及其有害污染物的世界提供有益的借鉴和参考。

注　释

1　U.S. Energy Information Administration, "International Energy Outlook 2014," Report, Washington, DC, 2014, www.eia.gov/forecasts/ieo/more_overview.cfm; Lemstra, Piet, "Petro- versus Biobased Polymers," Presentation to the Summer School Catalysis for Sustainability: Exploring Resource Diversity for Energy and Materials Supply, June 23–26, 2013, Rolduc Abbey, the Netherlands.

2　van der Ryn, Sim, and Cowan, Stephen, *Ecological Design*, Washington, DC: Island Press, 1996.

3　U.S. Energy Information Administration, "International Energy Outlook 2014."

4　U.S. Environmental Protection Agency, "GHGRP 2013: Reported Data," Greenhouse Gas Reporting Program, www.epa.gov/ghgreporting/ghgdata/reported/index.html

5　U.S. Energy Information Administration, "International Energy Outlook 2014." Vidal, John, "'Sustainable' Bio-plastic Can Damage the Environment," *The Guardian*, April 25, 2005, www.guardian.co.uk/environment/2008/apr/26/waste.pollution; Slavin, Chandler, "Recycling Report: The Truth about Recycling Clamshells and Blisters in America with Suggestions for the Industry," October 16, 2012, www.dordan.com/blog/bid/231946/Recycling-Report-The-Truth-about-Recycling-Clamshells-and-Blisters-in-America-with-Suggestions-for-the-Industry

6　Author interview.

第 8 章

交通运输

平均每辆新小汽车包含超过1000个塑料零部件。但所有塑料加在一起只占到小汽车总重量的17%。如果把塑料换成金属，那么仅在美国，每年就要多消耗8800万桶石油，以负担增加的重量。但塑料对环境并不是无害的，而许多后石油时代的设计师正在探索替代方案。从福特汽车公司的"可堆肥的小汽车"计划到以色列设计师伊扎尔•加夫尼研发的硬纸板自行车，创新层出不穷，让小汽车的塑料零部件难以回收、塑料对不可再生资源的消耗和碳排放等问题得以解决。[1]

塑料的回收利用率很低，这将成为小汽车设计中的一个大问题。在美国，只有8%的废旧塑料被回收利用，而欧洲的回收利用率也高不了多少。不过，欧盟的一项将于2015年生效的小汽车回收指令要求对60%的小汽车塑料零部件进行回收。但是，今天的小汽车里有100种不同的塑料材质，不容易分离或回收。随着世界各地类似法律的出台，塑料工业正在为如何达到更严格的标准而发愁。[2]

一个选择是用可生物降解的材料代替塑料。一些正在试验的材料包括竹子、麻纤维、硬纸板甚至海藻。具有革命性的不仅是材料，还包括一些材料的设计。还有些人试图打造升级版，如丰田汽车公司的1/x，采用海藻制成的生物塑料，但拥有普锐斯的外观。所有这些都是概念车，且大多数需要进行一些改装，以达到安全标准。但它们有一个共同点——它们在设计中大幅减少了塑料的使用，或甚至将其完全去除。它们中的大多数使用电动引擎，以降低油耗，替代燃料在别的书里已经介绍得很多了，本书将重点关注汽车制造所使用的材料。路特斯集团CEO迈克•金伯利坦言，"燃油效率可能是让道路变'绿'的最重要的因素，但不要忘了我们是如何制造这些车辆的。每年有数千万辆小汽车下线，制造过程也对环境有巨大的影响。"[3]

路特斯汽车公司的Eco Elise："看待'绿色'的不同视角"

麻纤维和开车听起来是风马牛不相及的两个事物，除非麻纤维被用来替代小汽车的塑料零部件，就像路特斯汽车公司的Eco Elise那样。这款车型的座椅、后扰流板和车身板件都用到了麻，其中座椅是用麻纤维制作的，后扰流板和车身板件则是用麻纤维织物制作的，麻的种植地是英国东英吉利。"我们用麻纤维而不用玻璃纤维是因为它就在本地种植，而且它是一种很结实的材料"，路特斯集团的环境经理李•普雷斯顿在接受英国广播公司（BBC）采访时说。"它也是一种很美观的材料。"

"我们决定将注意力放在使用可持续材料所具有的环境效益上"，他解释道。"这就是为什么Eco Elise倡导用不同的视角来看待'绿色'的原因——不是直指尾气排放，而是考虑制造过程使用何种材料。"

Eco Elise用麻纤维织物制成的车身板件代替用于其他一些路特斯车型的玻璃纤维板。虽然材料中还掺入了常见的聚酯（塑料）树脂，但公司希望在不久的将来使用一种完全可回收的复合树脂。麻纤维织物制成的顶盖与柔性太阳能电池板相结合，而天然羊毛（其织物用作座椅表布——译者注）和剑麻（其纤维织物用作地毯——译者注）让这款车的内饰有一种有机的触感。甚至车身所用的涂料都是一项绿色创新。该公司与杜邦公司合作研发了一套水性、不含溶剂的系统，用于底漆、彩色漆和透明漆，在行业内属首创。

虽然用麻纤维做汽车材料在今天显得有些另类，但路特斯不是第一个做出尝试的。"为什么要把经过几个世纪才长成的森林砍光，把需要很长时间才形成的矿藏开采殆尽，如果我们从地里每年产出的麻里就能获得跟林产品和矿产差不多的东西？"说这番话的是亨利•福特，他在1941年首次公开一款采用生物塑料——以麻纤维和大豆为原料制成——的车型，甚至燃料都是以麻为原料的生物燃料。遗憾的是，尽管他立誓要"从土里种出汽车"，但除了样车，这款车型从来没有投入量产。[4]

丰田汽车公司的1/x：海藻轿车

似乎用麻纤维制造小汽车还不足为奇，丰田汽车公司计划用的是海藻。基于海藻的1/x（发音是"one-xth"，因为它的碳足迹是其他车型的几分之一）是早先发布的一款用碳纤维制造的丰田概念车的升级版。

"车身和骨架采用的是碳纤维增强塑料，这使其具有优异的防撞安全性能"，项目经理Tetsuya Kaida说。"但这个材料是用石油制成的。我敢肯定未来我们会有新的和更好的材料，如那些用植物制成的、看上去像纸的天然材料。事实上，我想用海藻造一辆车。"

日本广岛大学的生物学教授拉金德兰认为属于海藻的时代将会到来。"作为一种可以替代传统塑料的、环保和可生物降解的材料，海藻基生物塑料将发挥重要作用"，他和其他作者在"海藻是生物塑料的新来源"中写道，这是一份发表在《药学研究期刊》上的研究报告。"海藻价格低廉，可以将对食物链的影响降到最低，还不含化学物质。据报道，用海藻制成的生物塑料更能防微波辐射，不易碎，也更耐用。"

1/x概念车有一系列让人印象深刻的数字。它的重量约为普锐斯的1/3，耗油量为每加仑100多英里。不过，根据丰田方面的说法，2025年之前别指望能在小汽车展厅里看到海藻。"事实上"，市场销售部的高级执行总监大卫•巴特纳说，"海藻汽车还要十年时间才能面市。但是，它为我们指明了前进的方向。它是为2020年以后的市场打造的一款概念车。它超轻，超坚固。我们的设想是，2020年后，像1/x这样的车型将用植物基塑料制造。"[5]

福特汽车公司的更好的主意：不用石油基零部件的小汽车

"有一天，我希望看到小汽车的零部件是完全可堆肥的，再也不用石油基零部件了。"你从未期待这话会从福特汽车公司的一位主管嘴里说出来，但这的确是这家公司塑料研究团队的主管黛比•米莱夫斯基希望实现的目标。福特几乎全系车型的座垫和其他零部件已经采用了大豆基泡沫，将石油使用量削减了1500多吨，二氧化碳排放量也减少了5500多吨。米莱夫斯基在接受hybridcars.com采访时说，"我的团队的目标是研发有限的、传统的石油基塑料的替代材料。一些材料是可堆肥的，从而使塑料不再被填埋。小汽车在制造过程中要使用大量的塑料——我们很快就意识到了这一点——因此，如果我们能让这些塑料变得越可持续，当然就越好。"

福特汽车公司也在探索采用一些非常富有想象力的材料，以减少塑料的使用。"上涨的油价"，公司在一份新闻稿中说，"逼得我们不得不减少对石油的依赖和采用更可持续的材料——包括退出流通的美国纸币——来生产零部件"。

为了减少石化塑料，已经有人最先采取措施了，像福特、马自达、丰田等汽车制造商已经在其制造的车辆中采用以大豆、玉米和小麦为原料制成的生物塑料。福特汽车公司打算将来让其所有车型都改用生物泡沫。"可持续发展正推动一些细分市场更多地采用高性能生物基材料，汽车行业就是其中之一"，杜邦公司汽车高性能聚合物部门的可再生材料全球开发经理理查德•贝尔说。除了环保要求，经济性也激发了车企采用生物塑料的积极性。"与石油基产品相比，生物基化学物质和生物基塑料的价格波动幅度较小"，安大略省生物汽车委员会的总裁兼CEO克雷格•克劳福德说。"从长期来看，随着技术的成熟和产量达到规模经济，它们有望变得更便宜。" [6, 7]

梅赛德斯–奔驰汽车公司的Biome概念车：长出更环保的车

为了参加洛杉矶汽车设计挑战赛，梅赛德斯–奔驰汽车公司先锋设计中心的工程师们创造了一款概念车，这辆车不是制造出来的，而是长出来的。"梅赛德斯–奔驰Biome共生车"，他们介绍，"是用一种叫作生物纤维的超轻材料制造的，这一材料是用梅赛德斯–奔驰培育室里的私人专属DNA培育而成的"。

设计师的设想是汽车的内饰由置于汽车前部三叉星星徽里的DNA长成，而外观由后部三叉星星徽里的DNA长成。Biome将根据客户的需求设计唯一的DNA。虽然这不是一辆你今天或明天就能买到的车，但它向我们展示了梅赛德斯–奔驰眼中未来的汽车运输，即不用塑料和石油。"我们想要用实物来说明我们对未来完美车辆的设想，这样的车辆是与自然完全和谐共生的"，梅赛德斯–奔驰汽车公司先锋设计中心的主管休伯特•李说道。

该公司设想采用的生物纤维的重量比金属或塑料轻，但强度比钢材还要高。它还很容易作堆肥处理或者用作建筑材料。虽然这听起来似乎是22世纪的材料，而不是21世纪的，但纳米技术已经被今天的小汽车采用。例如，几乎所有小汽车的保险杠是用碳纳米管复合材料制成的，这种材料比钢更轻巧和更坚固。用在这些纳米复合材料中的碳纳米管的制备方法是让它们在电化学刺激下自组装。不过，要想从当地的小汽车种植户那里提车，而不是车行，恐怕还不是近期的事。[8]

凤凰竹概念车：藤制跑车

后石油时代的车辆不必依赖生物塑料，也不必非要设计得像普锐斯。产品设计师肯尼思•库博克和阿尔布雷克特•伯克纳突破了传统汽车设计的模式，用竹子

图8.1：凤凰竹概念车
设计师肯尼思·库博克和阿尔布雷克特·伯克纳联手打造了这款概念车，其特色是创造性地使用藤和其他后石油时代的材料。图片由肯尼思·库博克提供。

和藤做汽车车身。库博克经常采用藤，这种材料在他的家乡宿务岛（菲律宾的一座岛屿）很常见。凤凰竹概念车显示了库博克对工艺的尊重，将藤打造成优雅的流线型，显得独树一帜。虽然你不会很快在路上看到这款车，因为它是独一无二的原型，但它的创新设计和材料可能会为未来的车辆设计带来启发。以下是肯尼思·库博克在接受采访时谈到的观点：

你因为创新性使用藤这一天然材料来践行你的前沿设计理念而名声在外。这一"传统"材料如何帮助你实现你的非常现代的设计目标？

从国外的设计学院毕业后，我回到了宿务岛，我身边大量的天然材料和精湛的手工艺重新触发了我的灵感，而每一种天然材料独特的结构特性也给设计带来了挑战。我喜欢用我挑选的材料来进行试验，就像手拿布料的女装设计师一样。有时我从材料当中获得的灵感与它们具有的特性高度契合。而这种亲身试验的做法也让我的想法不断变化和发展。

你也使用其他的材料，如木材和钢材，但我很少在你的设计作品中看到塑料，你是有意不使用这一材料吗？

我在做任何事的时候，都恪守对生态负责的原则。我认为我们都必须有很强的环保意识，并尽可能将我们对环境的负面影响降到最低。为此，我们想方设法使用可持续的、天然的、生产过程对环境有极小影响的材料，并与技艺娴熟的手工艺人合作，他们的双手拥有神奇的魔力，让这一目标最终得以实现。

对于你对天然材料的重视，你的客户作何反应？

首先，人们现在可以通过多种途径接触到优秀的设计，这增强了每个人的鉴赏能力。就像一件艺术作品或音乐作品那样，它所具有的美是可以在世界各地被读懂的，无论它以何种形式呈现，也无论它来自哪里。我相信我的作品的美也是可以被全世界接受和理解的，而这种美源于天然材料的纯洁性。

我们在你的作品中发现，你不仅经常使用天然材料，还常常运用低能耗的手工技巧。这二者是如何互为补充的？在生产过程中使用低能耗的机器和手工艺有哪些好处？

我所有的作品，不论使用何种材料，有一个共同点是生产过程，即主要是手工制作的。从人类强大的精神力量中获得灵感是我的作品的共同之处，这一点是永远不会变的。我有一个强烈的愿望，那就是保护本地的手工艺遗产，使其不至于失传。我希望通过我的工作将这一技艺带到世界的各个角落，我会尽我所能，确保把它保存到未来。我认为手工艺的纯粹性在某种程度上让我们所有人变得仁慈，并让我们想起了人性的美好和创意的可贵，也持续激励我创作新的作品。它还让我们保持定制的能力，这与欧洲或中国形成对比，在这些地方，几乎所有的产品是用机器批量生产的。最后，对我来说很重要的一点是继续努力向世界展示，我们所做的每一件事都有环保的解决方案，而且它远在天边，近在眼前。

在以后的工作中，你还想采用哪些材料和制作技巧？

我认为设计是一个动态的过程，永远要随着世界的变化做出改变。正因为如此，我努力避免形成一种个人的审美观，否则往往会陷入自我重复。固守一种成功的模式虽然安全，但这只会扼杀创意和创新。我的设计是根据我的品味即兴创作的，而品味是随着我获得的灵感不断变化的，因此我从不知道未来会带给我什么。然而，我们一直想要进步，并改进我们使用的技巧，但这必须是建立在尊重工艺的基础之上的。[9]

注 释

1　Weill, David, Rouilloux, Gaël, and Klink, Götz, "Plastics: The Future for Automakers and Chemical Companies," June 2012, www.atkearney.com/automotive/featured-article/-/asset_publisher/S5UkO0zy0vnu/content/plastics-the-future-for-automakers-and-chemical-companies/10192; Azapagic, Adisa, Emsley, Alan, and Hamerton, Ian, *Polymers: The Environment and Sustainable Development*, Hoboken, NJ, John Wiley, 2003.

2　Andrady, Anthony, ed., *Plastics and the Environment*, Hoboken, NJ: John Wiley, 2003; Weill et al., "Plastics: The Future for Automakers and Chemical Companies."

3　Malnati, Peggy, "Lotus Elise Concept: Eco Enhanced," *Composite Technologies*, 46–48, www.compositeshelp.com/resources/CT+AUG+09+EI-Lotus+ECO+Elise+with+cover.pdf

4　Ibid. "Lotus Announces Hemp-based Eco Elise: A New Type of 'Green' Car," *Transport 2.0*, July 10, 2008, www.transport20.com/uncategorized/lotus-announces-hemp-based-eco-elise-a-new-type-of-green-car/

5　Mack, Ben, "Toyota Wants to Build Car From Seaweed," Wired.com, February 4, 2009, www.wired.com/autopia/2009/02/toyota-makes-pl/; Rajendran, Narasimmalu, Puppala, Sharanya, Sneha, Raj M., and Angeeleena, Ruth, "Seaweeds Can Be a New Source for Bioplastics," *Journal of Pharmacy Research*, Volume 5, Issue 3, March 2012, 1476–1479, www.specialchem4polymers.com/resources/latest/displaynews.aspx?id=7952; McDonald, Neil, "Kelp Is On the Way for Toyota," February 24, 2009, www.heraldsun.com.au/news/kelp-is-on-the-way-for-toyota/story-e6frf7jo-1111118942824

6　"Higher Oil Costs Could Speed Up the Use of New 'Green' Materials Such as Old U.S. Paper Money in Future Fords," April 17, 2012, https://media.ford.com/content/fordmedia/fna/us/en/news/2012/04/17/higher-oil-costs-could-speed-up-the-use-of-new-green-materials-s.html

7　Berman, Brad, "Ford Aims for 100-Percent Petroleum-Free Compostable Cars," hybridcars.com, June 24, 2010, www.hybridcars.com/environment/ford-aims-petroleum-free-compostable-cars-28147.html; de Guzman, Doris, "The Use and Development of Renewable Chemicals in Automotive Parts Is Rising," June 2, 2010, www.icis.com/Articles/2010/06/07/9364336/use-of-bio-based-auto-parts-is-increasing.html

8　"Mercedes-Benz BIOME: An Ultralight Vehicle at One with Nature," November 12, 2010, http://media.daimler.com/dcmedia-ca/0-981-710708-1-1349695-1-0-1-0-0-0-13003-710708-0-1-0-0-0-0-0.html

9　Author interview.

第 9 章

电子产品

几乎世界上所有的电子元器件都有塑料。塑料不导电，且隔热，这让它成为生产电路、电池和任何带电的产品的绝佳材料。然而，垃圾填埋场每年要接收数百万吨电子垃圾，其中有很多是塑料。虽然今后很长一段时间，你仍然会在电子产品中看到塑料，但替代品正在出现，尤其是用于生产便携式电子产品的外壳。用传统材料如木材和硬纸板制成的电子产品正在占有越来越多的市场份额。颠覆性的创新试验，从导电纸到细胞计算机，表明未来即使少用石油，也可以满足我们对电子产品的需求。[1]

导电纸：打印你自己的电子产品

纸看起来不像一种非常高科技的材料，但纳米科学家正在想办法，让它在电子领域的应用超过塑料。德国马克斯·普朗克胶体与界面研究所的研究人员研发出了导电纸，它可以折叠形成三维导电结构。"我们使用一台商用喷墨打印机，在一张纸上以精细的模式打印催化剂的溶液"，该研究所的斯蒂芬·格拉策尔说。这种催化剂是硝酸铁，它将纸张的纤维素转化为石墨。被打印的区域就可以导电，而未被打印的区域则维持中性状态。打印之后，团队发现，不论纸张被折叠成何种形状，其电导率均保持不变。格拉策尔表现出了一些艺术天分，因为他把纸折成了一只鹤。

但导电纸所具有的深远影响绝不仅仅是导电的折纸那么简单。薄且易弯曲的电子产品在服装、植入物、消费类电子产品、包装等领域有巨大的潜在价值。塑料在这些领域的应用存在局限，但是纸张——轻质、柔韧、可再生且成本低廉——可能在许多领域是比塑料更好的选择。

美国西北大学教授马克·赫萨姆正在研发一种可以在纸上打印电路的墨水。"通过研制石墨烯基喷墨打印墨水"，他说，"我们现在就能拥有具备[高电导率、机械柔韧性和化学稳定性等]这些特性的技术，它们成本低廉，而且可以根

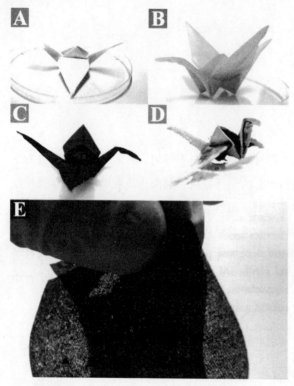

据需要扩展"。如果像赫萨姆和格拉策尔这样的研究人员成功研发出石墨烯墨水和导电纸，可能用不了多久，无论是在超市还是在电子产品商店，你都会听到有人问，"你是要纸制的还是塑料制的？"[2]

图9.1：导电纸

"纸正在成为一种高科技材料"，在德国波茨坦的马克斯·普朗克胶体与界面研究所尤其如此，那里的研究人员正在用传统的喷墨打印机，把纸变成三维导电结构。A）未经处理的纸鹤；B）在起催化作用的墨水中浸泡过的纸鹤；C）煅烧后的纸鹤；D）煅烧后的纸鹤涂上了铜；E）导电纸成品。图片由约翰·威利父子出版公司提供。

细胞计算机：
有生命的电子产品

如果导电纸听起来太牵强，再想象一下用活细胞制成的计算机。这是斯坦福大学合成生物学家德鲁·恩迪正在研发的技术。他是一个正在发展壮大的全球性研究团体的成员，该研究团体探索研发细胞计算机。细胞计算机，顾名思义，是用活细胞代替硅和晶体管来管理信息。"任何系统，只要它接收信息、处理信息和利用这些活动来控制下一步程序，都可以被视为计算系统"，恩迪说。他正在把大肠杆菌的DNA用作活晶体管，所有信息处理，无论多么复杂，都是基于晶体管开/关的切换。

"对于我们来说，有意思的是我们可以深入到细胞内部，这有那么点儿自下而上的意思"，他说。他希望对DNA进行编程，以便构建逻辑电路。麻省理工学院（MIT）的研究员蒂莫西·卢也在研制细胞计算机，他看到了其很大的应用潜力。"这些细胞可以发光"，他指出，"并且它们可以监控我们的身体，看是否出现癌症的信号"。到目前为止，细胞计算机只是用于构建最简单的逻辑电路。但卢、恩迪等人所做的概念验证工作表明，塑料绝不是生产电子产品的唯一材料。[3]

竹制智能手机：未来的电子产品使用天然材料

　　每年约有1.5亿部手机被丢弃。如果它们用可生物降解的材料而不是塑料生产会怎样？这是基隆-斯科特•伍德豪斯在设计ADzero——世界上第一部竹制智能手机时要应对的挑战。跟剃刀一样薄的ADzero电子元器件被以有机种植的竹子制作的外壳包裹起来，竹材经过了特别处理，以保证其耐用性和强度。

　　你是受到了什么启发，要用竹子来做ADzero智能手机的外壳？

　　在我们最初有了打造ADzero的想法之后，我们经历了非常概念性的初始设计阶段。从可丽耐到铜，我们用各种材料进行试验。作为一名设计师，我优先考虑的是使用这样一种材料，即它包含一个故事，并且随着时间的流逝，可以和用户一起成长，这或许源于它的物理性质，或者依靠我们用来创造这个故事的技术。起初我们用的是铜，但是我认为它缺少我们在寻找的、能让产品真正与众不同的故事。然后我们尝试用普通的硬木，并且我意识到这就是我们想要的；这样一种有机材料的使用让前期的概念设计显得惊艳。从这一点出发，我们开始考虑如何让其具有经济可行性，同时能确保我们不会对环境造成不利影响。竹子是最佳选择；不仅因为它非常耐用和坚硬，还因为它允许我们以一种更环保的方式讲一个故事。

　　与其他智能手机设计相比，ADzero别具一格；在你看来，设计在21世纪
发生变化了吗？如果有的话，你认为是什么力量在推动这一变化？

　　我们身边的一切商品都是批量生产的，我认为人们对此已感到厌倦，并渴望拥有能展现个性的产品，无论它是很小的还是很醒目的。倡导开放共享的行动和互动呈现出勃勃生机，并开始改变产品上市的方式。在支持和决定哪种产品上市方面，消费者比以往拥有了更多的权力。这在像Kickstarter和Quirky这样的网站上体现得很明显，它们主动地让用户参与产品开发的全过程。

图9.2：ADzero竹制手机
用竹材制作手机套很常见，但设计师基隆–斯科特•伍德豪斯用它来制作这部手机的整个机身。
图片由基隆–斯科特•伍德豪斯提供。

你手头还有其他的设计项目吗？如何保证不对环境造成影响？

目前ADzero是我主要关注的。我们的公司不是一家"绿色"公司，但我们的核心价值之一是我们非常注重环境保护，并确保我们在设计所有产品时都想到这一点，无论是在材料的选择上还是抵消碳足迹上。我们觉得这是一项主要的责任。[4]

手工纸制相机：自己动手有利于可持续发展

科拉莉•古尔盖肖恩和史蒂芬•德尔布吕埃尔制作的手工纸制相机在设计、材料和销售模式上都是反传统的。硬纸板外壳和铜绿色的颜色把它与普通的塑料外壳相机区别开来。至于说销售模式，其实没有。夫妻二人选择依据创意公用授权条款，让人们免费获取他们的设计方案。DIY一族可以下载该方案，并自己动手制作这样一款电子产品。不是每个人都想要亲手制作相机，但这的确是一台简单但功能齐全的数码相机，而且还不是塑料外壳的。

"我们的目标是对过时的和复杂的电子产品发起挑战"，古尔盖肖恩说。在他们看来，手工纸制相机制作简便、易于维护且有利于可持续发展。[5]

图9.3：手工纸制相机
科拉莉•古尔盖肖恩和史蒂芬•德尔布吕埃尔用硬纸板而不是塑料制作了这部经济型相机。图片由科拉莉•古尔盖肖恩提供

图9.4：手工纸制相机所需的材料和样式
手工纸制相机的外壳就是一块硬纸板，依据创意公用授权条款，设计方案可以免费获取。图片由科拉莉•古尔盖肖恩提供。

IKoNO木制收音机：
当地的手工艺，当地的材料

辛吉·苏西洛·卡多诺出生在印度尼西亚的坎当岸，大学毕业后，他不太确定自己想要做什么，于是他决定跟着感觉走。卡多诺回到家乡，并创办了Magno Design，他的公司现在雇用了几十名当地的手工艺人。如今，Magno Design综合利用当地的手工艺、卡多诺的设计经验和来自可持续种植森林的木材，制作创新的消费品。容易获得但有过度采伐危

图9.5：辛吉·苏西洛·卡多诺手捧IKoNO木制收音机
爪哇设计师辛吉·苏西洛·卡多诺使用当地木材并雇用当地手工艺人来制作他的IKoNO木制收音机。图片由Magno Design提供。

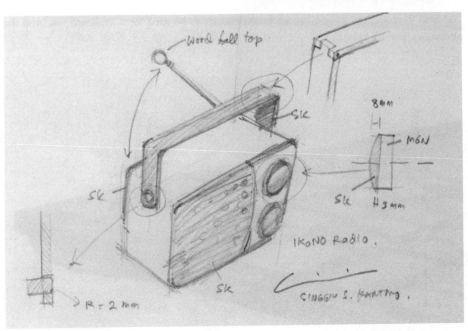

图9.6：IKoNO木制收音机草图
当地的木材影响了IKoNO木制收音机的设计。设计师辛吉·苏西洛·卡多诺甚至每用掉一棵树的木材制作产品，就会种植一棵新的树。图片由Magno Design提供。

险的当地美观的硬木，已经成为卡多诺的工作关注的焦点。"我认为木材是一种平衡的材料"，他说。"与合成材料相比，我觉得木材是有灵魂的材料。美观的质地和纹理实际上讲述了它一生的故事。木材是一种完美的材料，完美恰恰来自它的不完美。它的特性让我们领悟到了生命、平衡和缺陷的意义。"卡多诺也积极履行他的环保承诺，制作产品每用掉一棵树的木材，他就会种植一棵新的树。[6]

iZen竹制键盘：强韧、美观、可持续

罗宾·贝尔斯托克和赖安·斯特克制作的iZen竹制键盘让那些认为只有过时的、科技含量不高的产品才用木材的人哑口无言。键盘可以通过蓝牙连接许多不同的电子设备，并且其使用的材料中，有92%是竹材。外壳是完全可回收的，就算被填埋，它也可以生物降解。罗宾·贝尔斯托克解释了为什么公司选择用竹材及其可能在后石油时代的设计中发挥的作用。

制作键盘的材料有很多，你为什么选择用竹材？

竹子的强度大，并且可再生。它生长得很快，不需要使用杀虫剂和其他资源。它很强韧，可以用来修桥和搭脚手架，足以支撑数千磅的重量，因此拿来制作键盘也没问题。另外，还有一个很显而易见的原因：它很美观。

图9.7：iZen竹制键盘
设计师罗宾·贝尔斯托克和赖安·斯特克选择用竹材是因为它强度高且可快速再生；一部iZen竹制键盘有92%是用的竹材。图片由iZen Bamboo公司提供。

消费性电子产品似乎总是和塑料联系在一起。iZen键盘是否是一个信号，表示未来我们可以用更多的材料生产电子产品？

当然是这样。塑料的生产使用的是不可再生的天然资源，如原油。地球的原油供应正在被我们逐渐耗尽，对于我们来说，使用其他可再生的材料将变得越来越重要，而竹子是已有的最可再生的材料之一。[7]

注　释

1　U.S. Environmental Protection Agency, "eCycling: Frequent Questions," www.epa.gov/epawaste/conserve/materials/ecycling/faq.htm#howmuch

2　Hergersberg, Peter, "Electronics Comes to Paper," Max-Planck-Gesellscahft, May 8, 2013, www.mpg.de/7239441/paper-electronics?filter_order=LT&research_topic=MT; "Opening Doors to Foldable Electronics with Inkjet-Printed Graphene," May 20, 2013, http://nanotech2day.blogspot.com/2013/05/opening-doors-to-foldable-electronics.html; "Paper Electronics," May 16, 2013, http://mumbaimirror.com/others/sci-tech/techtalk/Paper-electronics/articleshow/20080091.cms

3　Brumfiel, Geoff, "Tiny DNA Switches Aim to Revolutionize 'Cellular' Computing," March 29, 2013, www.npr.org/2013/03/29/175604770/tiny-dna-switches-aim-to-revolutionize-cellular-computing

4　Author interview.

5　Gourgechon, Coralie, Craft Camera, http://cargocollective.com/craftcamera

6　Kartono, Singgih Susilo, Magno Design, www.magno-design.com/

7　Author interview.

第 10 章

包 装

包装用的塑料是最多的。塑料可以降低运输成本和节省能源，因为它的重量比玻璃或金属轻。按照美国塑料工业贸易协会的说法，"在所有城市固体废弃物中，塑料包装的重量占比不到4%，而且也可以在垃圾填埋场里被安全地处理"。而据美国环保署报道，塑料包装的重量占城市固体废弃物总重量的5%以上。正如我们所看到的，向垃圾填埋场里渗出有毒化学物质的塑料一点也不安全。塑料包装也是最不可回收利用的塑料种类之一，因为其中有很多是不可回收的薄膜。[1]

虽然包装是塑料最常见的用途之一，但塑料在所有包装中所占的比重不到20%。纸主宰着包装领域，并且其用量比所有其他材料加在一起的总用量还要多。虽然每年约有8%的塑料被回收，但纸的回收利用率是塑料的8倍。[2]

然而，可以替代塑料包装的绝不仅有纸质包装。用植物原料制成的生物塑料虽然在塑料总销量中的占比不到1%，但每年以20%的速度增长。目前，70%的生物塑料被用作包装材料，甚至主流塑料生产商也看到了生物塑料包装未来的机会。例如，美国陶氏化学公司和日本三井公司最近耗资2亿美元，购买了巴西的一个甘蔗种植园，并计划花更多的钱，建造一家世界上最大的生物塑料生产厂。"软包装市场正在不断扩大，不仅在巴西，而且已扩展到整个拉丁美洲"，路易斯•西里哈尔表示，他是陶氏化学公司的拉丁美洲绿色替代品和新业务拓展部的业务总监。"同时，消费者正越来越倾向使用可持续的产品。由于这些原因，我们确信生物聚合物有足够的市场需求和增长潜力，尤其是在高性能软包装、卫生和医药市场中。"[3,4]

生物塑料也有助于减少能耗和排放。例如，美国奈琪沃克公司的英吉尔（Ingeo）生物塑料产生的二氧化碳比石油基塑料少60%，且生产能耗也降低了30%。但是，生物塑料并不完美。首先，光听名字，就知道它在性能上已经打了一些折扣，而且一些宣称用生物塑料制成的产品实际上只含有少量的植物基聚合物，主要成分还是石化聚合物。还有一个错误的观念，那就是认为所有生物塑料都是可生物降解的。不是所有的都可以，尤其是那些被填埋的。生物塑料的原料包括作物，如玉米、糖料植物和玉米基乙醇，将作物用于为工业提供原料而不是为人们提供食物，这一问题引起了争议。

不过，生物塑料不一定要用供人们食用的作物制成。美国Metabolix公司和一些其他的生物塑料生产商用柳枝稷作为原料。Metabolix公司事实上是让柳枝稷自己长出生物塑料颗粒，而不是收割柳枝稷后，再对其进行加工。该公司的工程师利用一套名为多基因表达的程序，能够提高植物的聚合物产量。"其实就是对植物进行基因改造，这样这些植物吸收碳之后，就变成塑料工厂"，Metabolix公司行政长官里克·伊诺说。"采用柳枝稷这一方法的好处是植物承担了所有的工作。它只需要吸收CO_2、阳光和水分，就能够产出塑料和化学物质。虽然该技术仍处在概念验证阶段，但预示着未来塑料也可以从植物里获取，而不是仅在工厂生产。[5, 6, 7]

蘑菇作为包装材料：快速增长的业务

虽然像柳枝稷这样的植物可能成为明天的生物塑料工厂，但美国纽约州的一家公司正在用一种人们意想不到的材料——蘑菇制作今天的包装。"我们不生产材料"，Ecovative公司的联合创始人埃本·拜耳很健谈，"我们只是种植它们"。该公司位于纽约市绿岛的一座生产设施里摆满了含有菌丝体的模具，菌丝体是菌类的一个生长阶段，细长的菌丝形成一张紧密的网，每立方英寸体积内含有的菌丝连接起来可以达到8英里长。这些菌丝体在黑暗的地方生长，消化农业废弃物，并形成包装和其他材料。换句话说，不是等蘑菇长成原料后，再对其采收和加工，制成包装；它们实际上就长成了包装的形状。40000平方英尺的生产设施里有许多高高的架子，上面摆满了含有菌丝体的模具，菌丝体的生长不需要水、光照、饲料作物或石油化学产品。成品是不用塑料、低能耗和可堆肥的包装。[8]

埃本·拜耳解释了该公司的技术和理念：

令人惊讶的是你的技术用途广泛；你已经在出售或开发包装、建筑隔热材料甚至发挥海啸预警作用的海洋浮标的填充材料。它的"多才多艺"让我想到了塑料，但是却不会对环境造成负面影响。像你这样把天然材料和创新工序相结合，是否能让我们减少对石油基产品的依赖？

像陶氏和杜邦这样的公司通过将石油和天然气制成塑料和其他材料，一直牢牢掌握着材料设计的话语权。这些材料可能要数百万年才能分解，因而在垃圾填

图10.1：埃本·拜耳和加文·麦金太尔
Ecovative公司的联合创始人埃本·拜耳和加文·麦金太尔站在高耸的架子旁，上面摆放着含有蘑菇菌丝体的模具，他们用这些菌丝体种出他们的产品。图片由Ecovative Design提供。

埋场和水道中大量堆积。Ecovative的目标是成为本世纪的材料领导者，从而解决这一问题。与塑料和泡沫不同的是，我们的材料是生物基、可持续和对环境有益的。只要人们继续关注他们对环境的影响，我们的材料的应用就永无止境。将来你的小汽车的保险杠里、你的房子的墙里或甚至你的桌子里可能都含有蘑菇材料。

你使用农业副产品，如植物的茎和种子的皮（壳），而不采用大多数生物塑料所依赖的原料，如玉米和大豆。你是否认为像你使用的这种非食品原料将最终取代作为生物塑料原料的食用原料？

我们产品的主要优势之一是我们可以在几乎所有天然产品中种植菌丝体。通过使用农业副产品，与使用原料来制作材料的生物塑料公司相比，我们的材料就取得了竞争优势。理想状态是，我们将看到更多公司采用对材料进行升级再造的方法，而不是创造一个与其初始状态相差无几的材料。

遥遥领先于时代的产品和技术，就像你们这样的，通常不容易被消费者接受，因为他们可能不理解或者还没有准备好使用它们。例如，用蘑菇制成的隔热材料毫无疑问会引起人们对霉菌滋生的担忧。你如何打消人们的顾虑，并帮助全社会了解新材料及其好处，从而让他们放心踏进这一未知领域？

幸好大多数人意识到了人类对地球造成的破坏，并想要做出一些改变。对于许多危害环境的材料来说，我们的产品是可行的替代物。只要人们发现我们的材料价格低廉、防火、性能可调，总能通过质量检测，并且不含孢子、过敏原和霉菌，使用我们的产品就是顺理成章的事。政府机构倡导减少对聚苯乙烯泡沫塑料和塑料的依赖，这也对我们公司的成功有巨大的助益。[9]

Natralock安全包装：减少"包装愤怒"

人们因为拆不开塑料泡壳包装而感到懊恼，这一现象已经变得如此普遍，以至于人们把它形容为"包装愤怒"。不过，或许不是"包装愤怒"结束了塑料在泡壳包装领域的广泛应用。"石油基材料的价格很不稳定，有人说我们需要找到泡壳的替代品"，美国米德维实伟克公司（MWV）消费电子与安全包装部的副总裁杰夫•凯洛格说。他的公司生产的Natralock包装是一种纸基替代品，将塑料含量减少了60%。客户如伊士曼柯达公司发现它很受欢迎，因为它保留了塑料泡壳最好的特性，而又没有其缺点。"米德公司的Natralock包装很安全，没有过多使用包装材料，消费者也很容易拆开"，柯达公司的包装经理唐娜•圣瑞纳说。"这是一个极好的解决方案，它既支持了我们的品牌，又保护了环境。"

图10.2：Natralock安全包装
包装是塑料的主要用途，但是米德维实伟克公司的Natralock安全包装将塑料含量减少了60%。图片由米德维实伟克公司提供。

并不只有柯达在寻找替代品。据《纽约时报》报道，"高油价迫使生产商和大型零售商重新思考是否应该用这么多塑料，并且一些企业正在积极寻找更廉价的替代物"。例如，沃尔玛在2008年宣布，到2013年，将它的包装削减5%。这听起来不是很多，但如果你仔细想想沃尔玛数量庞大的包装，就知道省下了一笔不小的开支；该公司称它现在每年可以节省34亿美元。[10]

亚马逊公司简约认证包装：塑料越少，顾客的心情越好

在意识到减少塑料包装可以节省时间、省却烦恼、节省成本和保护环境之后，亚马逊公司于2008年发起了"简约认证包装"计划。由于这项计划旨在减少"包装愤怒"，因而它的包装没有那些会惹恼购物者的塑料泡壳外壳、捆扎带和铁丝。因为亚马逊是在网上销售商品，所以它不必担心偷窃的问题——使用大的、难拆的包装的主要原因之一。

虽然目前在亚马逊销售的数百万件商品中，只有几百件是不用塑料的，但该计划实施后，顾客投诉减少了73%。由于取得了成功，亚马逊全球仓储物流网络体系的副总裁纳迪亚•肖拉伯拉希望这一计划继续拓展。"我们并不指望一周时间就创造奇迹"，她在接受《纽约时报》采访时表示，"但是我们相信，假以时日，奇迹总会出现的"。[11]

植物环保瓶：植物基包装是更好的选择

"这是石油基塑料走向终结的开始"，美国自然资源保护委员会的高级研究员艾伦•赫斯考维茨这样说道。他指的是百事公司发起的一项完全用植物基塑料来生产饮料瓶的计划。目前，它的瓶子是用柳枝稷、松树皮和玉米苞衣制成的，未来公司还计划用橙皮、燕麦壳和土豆皮。同时，可口可乐、福特、亨氏、耐克和宝洁公司也合作为它们的产品研发由100%植物基原料制成的包装。它们组建了"植物PET技术合作团队"，并以可口可乐公司已有的植物环保瓶包装技术为基础，亨氏此前就已采用了这一包装技术，包装材料有30%的成分以巴西甘蔗制糖的副产品——甘蔗渣为原料制得。自2009年将此包装投放市场以来，可口可乐公司已经使用了超过150亿个植物环保瓶，减少了约140000吨二氧化碳排放量。

PET部分，即聚对苯二甲酸乙二醇酯，是一种塑料，被所有成员企业用于生产各种不同的产品和材料，包括塑料瓶、服装、鞋类、汽车内饰和地毯。虽然植物基PET不是什么高招——植物环保瓶的主要成分还是石油基塑料——但它对环境的影响比传统的PET塑料瓶要小。至于说我们何时能看到它们提供100%植物基包装，"我们已经公开承诺，到2020年，把我们所有的PET塑料瓶都换成植物环保瓶包装"，可口可乐公司植物环保瓶包装研发部的总经理斯科特•维特斯表示。为了实现这一目标，公司与生物技术公司Virent、Gevo和Avantium合作，研发新的生物塑料，以植物废弃物如树皮、茎和果皮为原料，代替食品原料如玉米和大豆。它甚至与福特合作，探索将用于生产植物环保瓶包装的可再生材料应用到福特的一款试验车型福特Fusion Energi的内饰中。[12, 13]

Ooho！你可以吃的水瓶

减少储水容器的一个方法是吃掉它们。这听起来像天方夜谭，但这正是Skipping Rocks Lab研发的Ooho！能吃的水瓶背后的理念。公司创始人罗德里戈•加西亚•冈萨雷斯、皮埃尔•帕斯利尔和纪尧姆•库什设想将Ooho打造成一款"制作简单、价格低廉、抗压耐磨、环保卫生、可生物降解甚至可以直接食用的"容器。用钙和褐藻制成，"Ooho让我们对包装饮用水有了新的看法。虽然塑料提供了一种便利的解决方案，但会产生大量的废弃物，并对健康造成危害。"纪尧姆•库什解释道。显然，人们觉得Ooho的味道还不错；2014年，它获得了雷克萨斯设计奖。[14]

图10.3：Ooho！可以吃的储水容器
在Skipping Rocks Lab设计的Ooho能吃的"大水珠"中看不到一点塑料。图片由罗德里戈·加西亚·冈萨雷斯提供。

Vivos可食用的薄膜包装："把薄膜包装也一起吃下去"

虽然它们可能不会因最佳收尾而获奖，但MonoSol公司的Vivos可食用的薄膜包装在离开货架后却消失了。事实上，当透明的小袋子被泡在热水或冷水里时，它们就不见了，这是因为对各种各样的食品、饮品和调料采用了一种独特的、不用塑料的独立包装方式。

"束缚它的应用的只有我们的想象力"，媒体经理马特·西尔斯在接受Co.Design采访时表示。"一些应用的例子包括燕麦片、麦片、速溶茶或咖啡、甜味剂、汤、饮料棒、肉汁和酱、热巧克力、厨房里的一些应用、小包香料、小包干原料、运动蛋白粉和补充剂（它们现在不再被装在大体积的容器里），等等。"Vivos包装为未来指明了方向，即食品及其包装可以成为一体，这样既不会产生塑料垃圾，也不会有有毒物质从包装渗入我们的食物。[15]

可食用的汉堡包装纸："无法抗拒的汉堡"

"无法抗拒的汉堡"，这是Bob's的广告语，Bob's是南美的一家汉堡连锁店，由巴西裔美国人、网球明星鲍伯·法尔肯伯格于20世纪60年代创办。为了证明他们所言非虚，2012年的一天，Bob's卖的全是装在可食用包装纸里的汉堡。面对有些不解的顾客，店员解释道："如果你很饿的话，可以把纸和汉堡一起吃掉。"有那么一天，顾客见了该汉堡可能等不及拆包装就直接开吃。虽然这是以前的一个宣传活动，但也意味着总有一天，快餐顾客没有什么可以扔的了。[16]

Libig G玻璃瓶：留住经典

超过1/3的消费者说他们"极其或非常关注食品和水包装所用的塑料是否对健康有害和是否安全"。由于消费者的担心，越来越多的企业正在求助于一位老朋友——玻璃，用其生产装饮料的容器。一个经典的例子是OMC^{2}设计的Libig G玻璃瓶。该公司称它是"非常优雅的玻璃瓶设计；用来装橄榄油、醋等食品是再好不过了"。Libig是用吹塑技术生产的，纵剖面微呈椭圆形，当它被转动时，外观上会呈现出一些变化。它的流线型设计让人想起了豆荚和其他天然形态。Libig

图10.4：Libig G玻璃瓶
与大多数塑料不同的是，玻璃可以多次回收利用，并且生产过程中的温室气体排放量和用水量也要少得多。图片由OMC2设计工作室提供。

是100%可再利用和可循环利用的，显示出像玻璃这样的天然材料可以制成艺术品，又兼具实用功能，如果不用了，也可以被珍藏，而不是被丢弃。

消费者喜欢玻璃而不喜欢塑料，可能也是因为它不含某些物质。玻璃所含的有毒物质比许多塑料要少。玻璃的惰性也比塑料强，后者会向内容物和环境渗出有毒物质。玻璃的回收利用也比塑料容易。塑料的重量更轻，因此在运输过程中消耗的燃料和产生的温室气体更少，但PET塑料瓶在生产过程中产生的温室气体是玻璃的5倍，用的水是玻璃的17倍。你想想，平均每个家庭每年要购买4000件包装产品，如果都用塑料包装，那么总的温室气体排放量和用水量是相当惊人的。[17]

拥有安全外壳的水杯：更安全的玻璃

在美国，每年运往垃圾填埋场的塑料瓶有380亿个之多。但其实大可不必如此。玻璃瓶可以再利用和循环利用，并且它们的生产也不像塑料瓶那样，要消耗2100万桶石油。但玻璃有一个很大的缺点——它会碎。沃尔特·希姆尔斯坦以前是位科学家，后来转型做了企业家，他研发了一种可再利用的玻璃杯，这种水杯不易破裂，即使被打破了也不会粉碎。安全外壳用坚硬的硼硅酸盐玻璃制成，可以抵御很大的冲击。就像小汽车挡风玻璃使用的安全玻璃一样，安全外壳可以将碎片控制住，避免了碎片飞溅对人体的伤害。

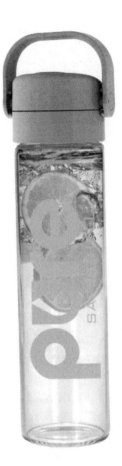

"与其他可再利用的玻璃杯相比，这个玻璃杯的不可拆卸透明外壳的优势是不含双酚A（BPA），而且很安全，即使玻璃破裂了，也不会伤人"，马克•海因克说，他是销售这个水杯的加拿大公司Precidio Design的总裁兼行政长官。安全外壳集安全、无毒、便利等优点于一身，而且100%可循环利用，如果你不想用它了，可以把它放到分类回收桶里。[18]

图10.5：拥有安全外壳的水杯
玻璃水杯如果很容易破裂，那就没有太大的用处，但是拥有安全外壳的水杯是用坚硬的硼硅酸盐玻璃制成的，不易破裂，即使被打破了也不会粉碎。图片由Precidio Design公司提供。

图10.6：普通的水杯变得粉碎
普通的玻璃水杯被打破时，会变得粉碎。图片由Precidio Design公司提供。

注 释

1　Plastics Industry Trade Association, "Plastics in Packaging," www.plasticsindustry.org/AboutPlastics/content.
cfm?ItemNumber=636&navItemNumber=1118; U.S. Environmental Protection Agency, "Plastics," www.epa.
gov/osw/conserve/materials/plastics.htm; Truth Studio, "Material Flows Visualization," www.truthstudio.com/
viz_material_flows.html

2　U.S. Environmental Protection Agency, "Paper Recycling: Frequent Questions," www.epa.gov/osw/conserve/
materials/paper/faqs.htm

3　"Global Bioplastics Market Analyzed by Transparency Market Research," November 23, 2012, www.prweb.com/
releases/2012/11/prweb10164424.htm; Swamy, J.N. and Singh, Balaji, "Bioplastics and Global Sustainability,"
Society of Plastics Engineers, October 13, 2010, www.4spepro.org/view.php?article=003219-2010-09-13

4　Smock, Doug, "Dow & Mitsui Plan Brazil Bioplastics Plant," *DesignNews*, August 22, 2011, www.designnews.
com/document.asp?doc_id=231613&dfpPParams=aid_231613&dfpLayout=article&dfpPParams=aid_231613
&dfpLayout=article

5　"Metabolix to Test Feasibility of Producing Bioplastics from Switchgrass Post the Receipt of US Patent,"
SpecialChem, August 26, 2013, www.specialchem4bio.com/news/2013/08/26/metabolix-to-test-feasibility-of-
producing-bioplastics-switchgrass-post-the-receipt-of-us-patent#sthash.bDpWgHY9.dpuf

6　"Ingeo Eco-Profile," NatureWorks, www.natureworksllc.com/The-Ingeo-Journey-Eco-Profile-and-LCA/
Eco-Profile; Andrady, Anthony, ed., *Plastics and the Environment*, Hoboken, NJ: John Wiley, 2003, 158–159.

7　"Crop-based Technologies," Metabolix, www.metabolix.com/Products/Crop-based-Technologies

8　"About Ecovative," www.ecovativedesign.com/about

9　Author interview.

10　Mohan, Anne Marie, "Kodak Opts for Paperboard Package over Clamshell for Digital Camera," *Greener
Packaging*, January 7, 2010, www.greenerpackage.com/source_reduction/kodak_opts_paperboard_package_
over_clamshell_digital_camera; Clifford, Stephanie, "Devilish Packaging, Tamed," *New York Times*, June 1,
2011, www.nytimes.com/2011/06/02/business/energy-environment/02packaging.html?_r=0

11　"Amazon Certified Frustration-Free Packaging," www.amazon.com/b?ie=UTF8&node=5521637011; Clifford,
Stephanie, "Packaging Is All the Rage, and Not in a Good Way," *New York Times* online, September 7, 2010,
www.nytimes.com/2010/09/08/technology/08packaging.html?_r=0

12　"Beyond the Bottle," Coca-Cola Company Press Center, www.coca-colacompany.com/press-center/
image-library/look-inside-fords-new-fusion-energi#TCCC

13　"PepsiCo Unveils 100 Percent Plant-based Bottle," *Washington Post* online, March 15, 2011, www.
washingtonpost.com/wp-dyn/content/article/2011/03/15/AR2011031501022.html; Kaplan, Andrew, "Awaiting
PlantBottle 2.0," *Beverage World*, October 1, 2012, www.beverageworld.com/articles/full/15300/awaiting-
plantbottle-2.0; Elvin, George, "Major Companies Join to Create 100% Plant-based Packaging," August 2,
2012, http://gelvin.squarespace.com/green-technology-forum/2012/8/2/major-companies-join-to-create-100-
plant-based-packaging.html; Hsu, Tiffany, "Coke, Ford, Nike, Others Back Petroleum-free, Plant-based
Plastics," *Los Angeles Times* online, June 5, 2012, www.latimes.com/business/money/la-fi-mo-coke-ford-nike-
plant-20120605,0,1139461.story?track=rss&utm_source=feedburner&utm_medium=feed&utm_campaign=F
eed%3A+MoneyCompany+%28Money+%26+Company%29

14　Couche, Guillaume, "Ooho!" Design Portfolio, www.guillaumecouche.com/208492/3422259/gallery/ooho

15　"Vivos Films," MonoSol, www.monosol.com/brands.php?p=117

16 "So Hungry You Could Eat the Wrapper: Brazilian Fast Food Joint Launches Edible Burger Packaging," *New York Daily News*, December 19, 2012, www.nydailynews.com/life-style/eats/brazilian-fast-food-chain-edible-burger-packaging-article-1.1223509

17 Strom, Stephanie, "Wary of Plastic, and Waste, Some Consumers Turn to Glass," *New York Times* online, June 20, 2012, www.nytimes.com/2012/06/21/business/more-consumers-choosing-reusable-glass-bottles.html?_r=0; "Libig G Glass Bottle," Design by OMC², www.omcdesign.com/?design=1635&type=Glass+Bottle; Siegle, Lucy, "Are Plastic Jars Worse for the Environment?" *The Guardian* online, May 12, 2013, www.theguardian.com/environment/2013/may/12/are-plastic-jars-better-than-glass

18 Himelstein, Walt, "Pure Growth," January 3, 2013, http://pureglassbottle.com/; Strom, Stephanie, "Wary of Plastic, and Waste, Some Consumers Turn to Glass."

- 第 11 章 -

服　务

设计针对的不仅是实物。活动和过程也可以被设计，而与我们如何设计我们的实物相比，我们如何设计活动和过程对环境的影响可能更大。例如，建筑在使用时期消耗的能源是它在施工阶段的10倍多。建筑整个使用寿命的物质流——比如清洁用品、灯泡和水——也至关重要。在建筑里和产品中少用塑料和石油是必要的，但不要忘了我们提供的服务也有很大的潜力可挖——例如，建筑如何维护。其他服务如医疗保健、旅游和娱乐在减少石油使用上也有大量待发掘的机会。

杰克·约翰逊：做出一点小小的改变

创作歌手杰克·约翰逊在夏威夷长大，他亲眼看见成堆的塑料被冲到这座岛屿美丽的海滩上。"夏威夷群岛就像在太平洋上漂浮的碎片的过滤器"，他说。"东部的塑料瓶、塑料袋和垃圾堆得像墙一样高。"对于他的出生地愈演愈烈的塑料污染问题，约翰逊并没有在唉声叹气之后就袖手旁观，而是成为了积极解决这一问题的领军人物。他在2008年和2010年的巡回演出不仅是非营利性的——利润全部捐给了慈善组织，而且还是不用塑料制品的生活的范本。水站为歌迷提供的是不用塑料瓶装的、经过过滤的自来水，回收站对粉丝带来的塑料制品进行回收，巡演车、大巴和现场的发电机都以生物柴油为燃料。他在巡演过程中减少塑料的努力让人们少用了超过55000个一次性水瓶，让460吨废弃物得以回收而不是被填埋，并减少了超过200000磅二氧化碳排放量。

约翰逊还把同样的理念带到了工作室。他的第5张专辑——《拥抱海洋》(To the Sea)，是2010年初在一间用太阳能发电的工作室里录制的。专辑一发行就登上了排行榜的冠军宝座，最终卖出了100多万张。CD的封套是用经森林管理委员会（FSC）认证的再生纸制作的，而且CD还第一个采用由100%的再生塑料制作的光盘。约翰逊似乎不把塑料从他的作品发售中完全去除掉就决不罢休。随后发行的CD被装在100%再生纸制泡沫封套中，这种纸可以像普通的纸那样进行回收。他甚至还要求专辑的发行商开发可生物降解的玉米基收缩包装和大豆基油墨。

图11.1：杰克·约翰逊
杰克·约翰逊在2008年和2010年的巡演过程中，通过采取多种措施，让人们少用了55000个塑料水瓶，让460吨废弃物得以回收而不是被填埋，并减少了超过200000磅二氧化碳排放量。图片由Brushfire Records（杰克·约翰逊创办的一家唱片公司——译者注）提供。

　　他对生活中的塑料垃圾也很关注，他说如果他离开一家商店时，一只手拿一个塑料水瓶，另一只手拿一个一次性袋子，他都会觉得不好意思。但他将他和像他一样的人的努力视为一种补偿。"现在许多人正在思考他们如何能做出一点小小的改变——全社会的意识正在发生微妙的转变。"[1]

近场通信：阅读未来

　　如果你要数码艺术家安东尼•安东内利斯向你展示他的艺术作品，他会把手伸出来，不是要跟你握手，而是让你把你的智能手机在上面扫一下。然后你的手机屏幕上就会自动出现一个动画影像。之所以会这样，是因为一个微型芯片

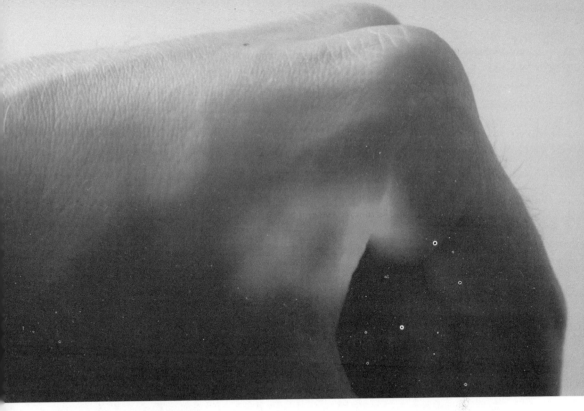

图11.2：安东尼·安东内利斯的植入片

植入艺术家安东尼·安东内利斯手中的微型芯片激活兼容手机里的软件，手机屏幕上就会出现他最新的艺术作品。图片由安东尼·安东内利斯提供。

被植入安东内利斯的手中，它会激活兼容智能手机里的软件。"图像会定期更新，以展示新的艺术家和艺术作品"，安东内利斯说。令很多人感到惊讶的是，近场通信（NFC）植入片是一项成熟的技术。事实上，早在2006年，美国俄亥俄州的一家监控公司就因在一些员工体内植入芯片而上了新闻头条。只有扫描仪识别出植入员工皮肤下的微型芯片，他们才能进入公司的资料室。如今，在宠物甚至新生儿体内植入芯片已经很常见，以对绑匪形成威慑。[2]

　　近场通信技术的应用很广泛，不仅仅是在皮肤下。例如，Google电子钱包就采用了近场通信技术，手机上安装了这款应用程序的用户可以在商店直接刷手机消费，而不用携带现金或信用卡。一项可以结束信用卡使用的技术对我们的塑料消耗有很大的影响。在美国，平均每人携带的信用卡和身份证等有8张之多，这意味着今天总共有25亿多张卡在流通。还有更多在垃圾填埋场。但是，如果近场通信越来越受欢迎，可能在不久的将来，信用卡就会被淘汰。与今天在机器上刷卡不同的是，近场通信卡使用一台微型射频识别（RFID）发射器，将数据发送到相隔不远的读卡设备上。杰森·惠格姆和约瑟·门多萨设想一部具有近场通信功能的手机可以这样被使用：

上午7：30 为了搭乘通勤火车，埃里克拿出他的具备近场通信功能的手机，在一台阅读器上扫了一下，很轻松地就通过了旋转栅门。

上午7：32 他看到一张海报，得知晚上有一场免费音乐会，便将手机靠近海报。关于演出的详细信息就转到他手机上了。

上午8：15 到了上班地点，埃里克用手机在办公室的门上扫了一下，门就打开了。

中午12：00 午饭时间，用手机支付餐费，钱就从信用卡里被划走了。

下午1：00 在下午的会议上，与会者通过对碰手机来交换名片。

下午6：00 下班后，埃里克与他的妻子碰头，一起去听音乐会。用手机打开旋转栅门，预订被确认，然后他们就可以欣赏演出了。

晚上10：00 到家后，埃里克忽然想起他把手机掉在火车上了。他很快用他妻子的手机给他的移动服务提供商打了一个电话，以暂停近场通信服务。手机被找回来之后，他又打了一个电话，很容易就重新激活了这项服务。

虽然支持者认为，近场通信和射频识别会让我们的交易变得更安全，其他人却不这么看。"射频识别的风险在于别人可以秘密地获取你的信息"，布鲁斯·施奈尔说，他是Counterpane Internet Security公司的安全专家。"当射频识别芯片被植入你的身份证、你的衣服、你的财产，在一定范围内的任何人都能知道你是谁。可能的监控水平——不仅仅来自政府，也来自公司和犯罪分子——将是史无前例的。"

无论近场通信是否会让交易变得更安全，它似乎可以取代信用卡，因为用起来很方便；再也不用把卡从你的手袋或钱包里拿出来并刷它了。事实上，你根本不用跟收银员打交道了。万事达卡就推出了"万事通"，顾客只需用智能手机在店内终端机上扫一下，就完成支付了。[3]

注　释

1　Frampton, Scott, "Local Hero: Singer Jack Johnson Is Making Rock 'N' Roll Go Green," *O. The Oprah Magazine*, June 2010, www.oprah.com/world/Singer-Songwriter-Jack-Johnsons-Eco-Friendly-Efforts#ixzz2HE3zD2Pz; "Asda CD Series to Be Sold in Recycled Foam Packaging," *PackagingNews*, June 22, 2007, www.packagingnews.co.uk/sectors/retailers/asda-cd-series-to-be-sold-in-recycled-foam-packaging/

2   Antonellis, Anthony, "Net Art Implant," www.anthonyantonellis.com/news-post/item/670-net-art-implant

3   NFC Forum, "NFC in Action," http://nfc-forum.org/what-is-nfc/nfc-in-action/; Whigham, Jason, and Mendoza, Jose, "Near-Field Communication Chip," November 20, 2013, https://prezi.com/kohwulgqmujz/near-field-communication-chip/; Sieberg, Daniel, "A Company Requires Employees to Have RFID Chip Implanted Under Skin," CNN, www.gvsu.edu/cms3/assets/2D085406-FC80-AE2E-7233BDF30DCE3642/electronicmonitoringofemployees/employees_required_to_be_rfid_chipped.pdf; Kelly, Samantha Murphy, "Mobile Payments May Replace Cash, Credit Cards by 2020," *Mashable*, April 17, 2012, http://mashable.com/2012/04/17/mobile-payments-2020/; Gerdes, Geoffrey R. et al., "The 2007 Federal Reserve Payments Study," Report, Washington, DC, December 10, 2007, www.frbservices.org/files/communications/pdf/research/2007_payments_study.pdf

第 12 章

体育与休闲娱乐

塑料在体育用品中有着广泛的应用。钓鱼竿和网球拍以前是用木材制作的，现在则改成了塑料，高档自行车车架、保龄球和许多其他装备也是如此。塑料已经取代了传统材料，因为它通常强度更高、重量更轻且价格更低廉。还有一些替代品，它们将传统材料如金属、木材甚至硬纸板与创新设计相结合。成品是具有开创意义的新产品，它们不会对环境和健康造成负面影响，同时又能达到最佳性能。

木制冲浪板：改造冲浪板

冲浪运动可能对环境有害。这项运动的支持者认为他们可以与波浪成为一体，并且经常抽出时间亲近大自然。但是他们使用的冲浪板通常是用不环保的聚苯乙烯泡沫和玻璃纤维制成的。而木制冲浪板公司则对此做出了改变。它的创始人——迈克·拉韦基亚和布拉德·安德森用当地的木材制作冲浪板，同时运用了一些高科技的手段。他们的工作室配备了数控机床（CNC），可以对像用在飞机机翼上的复杂的框架支柱进行切削。将拉韦基亚和安德森用计算机绘制的三维图形作为输入，数控机床就会按照设定的程序切削木材。这一系统让他们能够创造出中空板，即用当地木材覆盖用数控机床加工的支柱的表面，这样可以节省成本和减轻重量。

传统的冲浪板制作工厂里满是切割聚苯乙烯泡沫产生的有毒粉尘，而木制冲浪板的工作室里则弥漫着新切削的雪松的气味。走出他们的工作室，你会意外发现自己身处冲浪者的天堂：缅因州的约克海滩。

"约克是一座很棒的小镇；它是一个很美的地方"，迈克·拉韦基亚说。"在这里制作冲浪板真的不是我们事先计划好的"，他继续说道，"这完全是自然而然发生的。我在这里制作了大概三块冲浪板，然后新英格兰本地的一本户外杂志刊登了关于我们的一篇小文章，而后来美联社对我们进行的报道则让我们在全世界都出了名。第二天我们就接到了6个冲浪板订单。那时我们在我的地下室工作，不借助任何工具。"

"这非常有趣，"他补充说道，语气有些自嘲，又有些真诚。"这几乎是场灾难"，布拉德·安德森插话说，他回想起他们是如何制作6块冲浪板的。

图12.1：木制冲浪板CAD图样
数控机床根据输入的3D计算机辅助设计（CAD）文件的数据切削木材，以制作木制冲浪板的内部框架。图片由木制冲浪板公司提供。

我了解到全世界有大约1000万名冲浪者。制作他们的冲浪板所使用的泡沫会对环境带来什么影响？

迈克：用于制作冲浪板的大多数泡沫是不可回收的。而且从某种意义上说，泡沫板的设计初衷就是不让它能长期使用；冲浪者乘泡沫板在水中冲浪一次之后，就料到它们会磨损。因此大多数冲浪板在用了几年后就不能再用了。这正是商家所盼望的——消费者要做的就是过几年就买一块新的冲浪板。而我们尝试制作更耐用的冲浪板——可以用一辈子的冲浪板。曾经有一个13岁的小孩子进到我们的店里，要求制作一块10英尺长的冲浪板，我们听后就笑了，因为他实在是太小了。我们问他："你为什么要买这么大的冲浪板？这可是我们这里最大的。"他看了看我们，回答道："因为我以后会一直用它。"

当你用泡沫制作冲浪板的时候，几乎总是要戴口罩，还要使用电刨和噪声很大的机器，它们把粉尘弄得到处都是，或者你会用砂纸打磨，而这也会产生很多粉尘。但木材很棒的一点是我们可以使用手工工具，如辐刨和刮皮刀。它们很安静，而且你在工作时不会制造粉尘和噪声。

布拉德：使用这类工具真的是一种乐趣，可以听着它们发出的声音，看着刨屑掉落，还能闻到木材散发的气味。人的心情变得沉静和愉悦。学员们沉迷其中，以至于有时他们在课堂上不能自拔，把木材切过头了。我们不得不提醒他们，"如果你只是想得到一块木料并轻轻地抚摸它，那么这么做没事，但不要忘了我们是在制作冲浪板"。

图12.2：戴夫·拉斯特维赫
专业的自由冲浪者戴夫·拉斯特维赫对木制冲浪板进行最后的打磨。图片由木制冲浪板公司提供；摄影：尼克·拉韦基亚。

你如何看待你使用的传统造船技术和更现代的技术如数控机床根据计算机辅助设计切削材料之间的关系？

布拉德：我们的工作是对新与旧的一种奇妙的结合。一千年前，冲浪板都是用的木材，并且都是手工制作的。二战后，人们开始采用这些石油基和化学基"先进"材料，并使用电动工具进行制作。今天，许多冲浪板在制作时几乎不与人发生接触，因为它们是用机器切削的。因此，传统的冲浪板行业已经由手工制作转向了几乎完全机械化。我们欢迎计算机辅助设计技术，它让我们能够慎重行事，并对设计进行复制。设计成形后，就会被交给专员，由他操作数控机床，切削出我们需要的框架。因此，形状是非常精准的，不仅可以被我们的制作员工复制，还可以被自行组装的制作者或者参加我们的培训课程的学员复制。而在这之后，就全是手工劳动了。与世界上其他的冲浪板相比，我们的冲浪板更能称得上是手工制作的冲浪板。让我们引以为傲的是，我们能够将先进的材料技术和先进的计算机辅助设计技术与传统的、几乎是一项精神活动的冲浪板制作相结合，修饰它，触摸它，并确保它的外观是完美的。

我听说你致力于使用当地木材制作冲浪板，甚至在很远的地方讲课时也是如此。

迈克：几乎从一开始，使用当地材料就是我们优先考虑的事。事实上，我们的冲浪板都是围绕着缅因州本地种植的白雪松来进行设计的。

布拉德：我们还尽量使用回收木材。我们曾经接到一个从马萨诸塞州打来的电话，电话那头的人说，"我这里有很多加州红木，是从旧的栅栏上拆下来的，欢迎你们过来，把它们拿走"。我们过去取了，并用它们来制作冲浪板的细部，两年才用完。这真是帮了我们的忙，因为加州红杉木是一种传统的冲浪板制作木材。还有一个例子，我们在夏威夷的时候，遇到一位制琴师，他用夏威夷本地产的寇阿相思树木材制作高端尤克里里琴，这一木材是制作冲浪板的一种非常传统的夏威夷木材。他给了我们几盒废木材，我们用它们来制作细部，可以用一年多。能够使用像这样的废木材对我们来说很重要，特别是还具有向冲浪板历史致敬的意义。

许多可持续产品的价格高昂，但是你们自创的组装和工作坊系统让你们的产品在价格上更有竞争力。

布拉德：有些人认为这是一种愚蠢的商业模式——开发出这一复杂的冲浪板制作方式，然后将其公开，告诉每一个人怎样制作。但是我们创办木制冲浪板公司的目的是让人们自己制作冲浪板，这是我们提出自行组装和开设培训课程的根本原因。不给人们提供工具，不让人们有能力自己制作冲浪板并带着它们去冲浪，我认为这是很自私的。

迈克：我们开设的大多数课程是7天时间，每一名来上课的学员基本上都是从零开始。但是我们所有的冲浪板都是在电脑里设计好了的，因此学员不用自己构思形状；他们用我们的就可以，我们有20个不同的形状供他们挑选。我们提供内部构架，跟船上的那种类似，这是已经切削好的，因此他们可以拿着构架，并围绕着它组装出一块冲浪板。这样他们就制成了自己的冲浪板，然后就可以把它拿回家了。建立一个社区并向人们传授经验是一个很好的方法。[1]

硬纸板制的自行车：跳出固有思维模式

再环保的小汽车也有污染。它们需要发动机，即使是以电力或者生物燃料驱

图12.3：硬纸板制的自行车
坚固、廉价、防火和防水，硬纸板科技公司研发的硬纸板制自行车仅有27磅重。图片由硬纸板科技公司提供。

动，还是会有相当大的碳足迹。而自行车不需要消耗石油，也不产生碳排放。事实上，它是迄今为止人类创造的效率最高的机械，如果将骑自行车的人所用的力换算成卡路里，相当于每加仑3000英里的油耗。最高科技车型的速度可达到每小时150英里以上，是用加入了增强材料如碳纤维的塑料复合材料制作而成的。但是，为了发明一款廉价且高效的自行车供日常使用，以色列工程师伊扎尔•加夫尼采用了让人意想不到的普通替代物：硬纸板。

虽然工程师认为打造一款经济实用的硬纸板制自行车是"不可能的"，加夫尼花了三年时间对其进行改进。"我感觉自己就像走进未知领域的莱特兄弟一样"，他说，他提到的这对兄弟也生产自行车，但他们出名却是因为另一项发明。

他的发明主要是用回收的硬纸板制成的。虽然它能够支撑体重多达300磅的骑行者，它的重量只有27磅。部分原因是你在这款自行车上找不到任何金属。它的辐条、轮辋和骨架都是用硬纸板制成的，并且它的防刺轮胎是用旧汽车轮胎制成的。硬纸板来自用过的运输盒。制作人员用有机化合物对它进行了处理，让它变得坚固，还能防火和防水。加夫尼最近获得了《大众科学》杂志颁发的发明奖，受此鼓舞，他和CEO尼姆罗德•埃尔米什联合创办了硬纸板科技公司，计划在2016年将这款自行车投入量产。[2]

注　释

1　Author interview.

2　Choi, Charles, "2013 Invention Awards: Cardboard Bike," *Popular Science* online, June 7, 2013, http://www.popsci.com/technology/article/2013-04/transportation-cardboard-bike

第 13 章

建筑和建筑材料

人们从地球获得的原材料中，有1/4被用于建筑业。石油在其中占很大比例，并且大量石油被用于生产塑料。但在建筑中，塑料的替代物有很多。按体积计算，最广泛使用的材料是木材，而按重量计算则是混凝土。但塑料在非结构材料如管道、隔热材料和供电线路中的使用让建筑成为塑料的第二大用户，排在包装之后。就供电线路而言，塑料不太可能被替代。管道和隔热材料能否使用其他材料？有人正在对此展开积极的研究，因为人们担心目前使用的塑料对健康有害。

大部分排水管和许多供水管是用聚氯乙烯（PVC）制成的。它价格低廉、经久耐用，并且容易切割和黏合。不过，最近它因为健康方面的原因受到了质疑。特别是用于制作软PVC的邻苯二甲酸酯被认为会刺激支气管，且可能引发哮喘。发表在《环境科学和国际污染研究》期刊上的一项研究的作者发现，他们检测的所有增塑PVC产品产生的渗滤液都是有毒的。研究人员让旧金山市5个家庭3天的饮食都不与塑料发生接触，他们发现，参与者体内的双酚A（BPA）含量下降了2/3。PVC生产也是世界上消耗氯气最多的活动，全世界每年要使用约1600万吨氯。如果PVC管着火，还会释放出有毒的氯化氢气体。[1]

ArboSkin：用生物塑料建造

在德国斯图加特大学，有一座ArboSkin展亭，它的蛇形结构不仅将表层和结构整合到一个创新系统中，而且是可生物降解的。建筑立面是这所大学的建筑结构和结构设计研究所（ITKE）的学生和教授设计的，由388块三维三角形面板组成，面板是用专门研发的生物塑料制成的。

"项目的目标"，大学在一份新闻稿中宣布，"是开发一种可持续使用并且耐用的建筑材料，同时将石油基成分和添加剂减少到最低限度"。为了实现这一目标，他们求助于一家德国公司——Tecnaro，该公司将不同的生物聚合物，如木质素——木材制浆过程的副产品，与天然增强纤维相混合。成品被Tecnaro称为"Arboblend"，挤

图13.1：ArboSkin建筑
斯图加特大学的ArboSkin展亭是用388块可生物降解的生物塑料面板建造而成的。图片由斯图加特大学建筑结构和结构设计研究所提供。

压这些生物塑料颗粒，使其变成片状，再以热力塑型，就制成了三角形面板，用于组成立面。这个过程产生的废料甚至可以再重新造粒，用来制作新的面板。

"生物基塑料热成型片材未来可以作为一种节约资源的替代材料"，项目主管卡门•科勒教授、曼弗雷德•R•哈默教授和蒂莫•费尔德胡特教授解释道。"我们将热塑性塑料的可塑性与用可再生资源（90%以上）制成的材料的环保性结合在一起。"[2]

树屋：超越平庸

"它感觉好像一直在那儿一样"，树屋的设计者斯科特•康斯特布尔说。他指的是一栋造型独特、精心建造的小木屋，离地面20英尺，置身于北加州红杉树林之中。它的美是永恒的，这得益于康斯特布尔的设计理念，即将材料、用地和可持续发展相结合。树屋里找不到一点塑料，无机材料也非常少，并且没有电。你还会发现它使用了大量当地的材料，并且对工艺和细部表现出难以抑制的关注。康斯特布尔和他的妻子——埃娜•奥斯特拉斯-康斯特布尔在全国各地建了很多房子，所有项目都很关注材料和选址。

你的设计如何帮助你营造出树屋"一直在那里"的感觉？

图13.2：树屋
Wowhaus工作室设计的不用塑料的树屋使用来自当地生物区域的材料，在北加州创造了一处藏身在树林中的、抬高的休息之所。图片由Wowhaus工作室提供。

要让建筑感觉它是从这块地上"长"出来的一样，否则它就会与用地周边环境不相容，这是我一直致力于实现的目标，特别是在像树屋所处的这样的自然环境中。

你选择的材料如何帮助你实现这一目标？

材料是一个重要的组成部分——就地取材可以让建筑在视觉上与用地融为一体，而这些材料如何选取和安排则关系到建筑能否在功能上适应用地的环境——天气、季节变化、采光、湿度等。

你如何看待选址和因地制宜？

这么说吧，每一座建筑的场地条件都是不一样的，并且它们的"外观"是由当地人积累的材料知识和客户对功能的要求决定的。可以说每一个生物区域都代表了一种特定的建筑风格。

材料在你的"奢侈的必需品"理念中起到怎样的作用？

对于客户或者体验这座建筑的人来说，当他们知道建筑使用的许多材料来自建筑周围种植的树木时，他们就会对这个地方有一种亲切感。而木材天然的温暖——视觉上的和触觉上的，随着时间的流逝，磨损的地方还会变得光亮——则让这种感觉愈发强烈。住的时间长了，深色的地方颜色会变得更深，而浅色的地方颜色则更浅，显露出这一材料独有的、自然的美感。这是一种包含了所有感觉的体验，就像洗澡一样，会用到所有的感官。

你选择材料时，还有一些什么样的标准？

材料如何维护以及是否容易维护，是我在对一种材料进行评价时主要考虑的因素。我力求做到每一次维护都是在改进。我还尝试设计易于维护或方便被使用者改造的建筑。当我考虑如何使用一种材料时，我会对材料的全生命周期进行仔细思考——如果需要更换材料，是否容易获取？材料的自然生命周期如何与它在建筑中的使用产生共鸣？[3]

香格里拉植物园和自然中心：关注自然

位于得克萨斯州橙县的香格里拉植物园和自然中心是一个获得LEED（能源与环境设计先锋）铂金级认证的项目，这是美国绿色建筑委员会颁发的最高级别认证。它的建筑规模很大，但令人惊讶的是，没有用到任何塑料。设计者Lake | Flato Architects综合运用了各种不同的后石油时代设计方法，让这个香格里拉尽可能可持续，设计特色包括：

* 金属蓄水池收集雨水，以灌溉庭院和冲洗马桶。
* 金属屋面反射热，将能源使用削减了一半多。
* 地板是用可再生材料如玉米制成的。
* 被飓风丽塔刮倒的柏树被就地切割，用于制作长凳、木栈道和一个纯朴的景观小品（柏树门——译者注）。
* 人行道使用的塑料是用再生塑料（50%）和回收木材（50%）制作而成的。回收利用的塑料数量相当于110万个牛奶罐或者360万个塑料袋。
* 所有建筑的墙和天花板都采用了大豆基隔热材料。
* 砖块来自阿肯色州一座建于1910年、被拆除的老旧仓库。

图13.3：香格里拉植物园和自然中心
位于得克萨斯州橙县的香格里拉植物园和自然中心的人行道使用的塑料是用回收木材（50%）和再生塑料（50%）制成的，相当于使360万个塑料袋不被填埋。摄影：海丝特&哈达维摄影机构

我向现在已经退休的前项目主管迈克·霍克提出了以下问题：

建筑体现的可持续性（低能耗或零能耗，天然材料）如何支持香格里拉的"教育所有的孩子善待他们的世界"这一环境教育使命？

在香格里拉，我们从一开始就知道仅仅倡导可持续发展是不够的。我们想要用行动来示范，更重要的是，用言语来教导。所有这些是香格里拉项目的总目标，这意味着我们每年还要向30000多个孩子和20000多个成年人传达我们倡导的理念。"指导"这个词包含示范的意思。好的导师必须展示良好的行为举止，我们在香格里拉所做的一切都与此相关。

作为香格里拉项目的主管，哪些是让你觉得有趣，又有哪些是有挑战性的？

当你试图处在最前沿的位置，就像我们在2005年所做的那样，你发现会遇到一些问题。例如，如果你想强调回收利用，就必须有一个回收站，能够把材料运去那里。但是在距离橙县35英里之内的区域，没有回收中心。为了解决这一问题，我不得不说服废弃物管理公司在香格里拉设一个回收中心。在打造一个大规模的园艺项目和可持续发展之间取得平衡也是一个难题，因为大部分园艺学专业的学生并不知道如何开发可持续花园——他们过去没有接受这方面的教育。这个系的学生需要经历一个学习的过程，但他们学得很快。运营一座使用有机肥且不用杀虫剂的花园带来了另一些问题，有时我们都解决不了。

有没有一些建筑是没有用到塑料的？如果有的话，你能不能告诉我，它们有何不同？不用塑料是否会影响到维护、它们与花园和环境的关系，或者它们的"感觉"？

从一开始，我们就意识到回收利用塑料是不让塑料变成废弃物的一种绝佳方式。我们使用了110万个牛奶罐，来建造超过1英里的木栈道和停靠点建筑。我们所有的塑料家具都是用再生塑料制成的。在一些不适合用塑料的地方，我们采用了回收不锈钢和回收铝。因为香格里拉里有很多历史遗物，我们还利用这些材料来制作标志牌和其他提供信息的建筑。[4]

UltraTouch牛仔布保温材料

建筑保温材料在我们减少二氧化碳排放量和缓解气候变化的行动中扮演着重要的角色。事实上，在减少二氧化碳排放量方面，它是我们可用的最经济的工具。换句话说，在保温材料上投入1美元所减少的二氧化碳排放量，比将1美元花在其他东西上带来的减排量都要多。今天我们使用的大量保温材料是塑料。建筑被它们包裹起来，以减少空

图13.4：UltraTouch牛仔布保温材料
UltraTouch牛仔布保温材料是用穿过的蓝色牛仔裤制成的，并且生产过程产生的废料可以被回收并制成原料，重新投入生产，创造了一个"零废弃物生产过程"。图片由Bonded Logic公司提供。

气渗漏，并且覆盖建筑表面的硬质保温材料很多是用聚苯乙烯制成的。但是，为什么许多人正努力寻找建筑中塑料的替代物？苯乙烯就是原因之一。美国环保署已经将苯乙烯确认为一种可能的致癌物，并且一项研究按照全生命周期环境影响对四种聚合物进行排序，结果显示，在每一类别中，聚苯乙烯的表现都是最糟的。

不过，亚利桑那州钱德勒的一家公司开发出了一种很好的替代物。在美国，蓝色牛仔裤每年的销量高达4.5亿条，并且UltraTouch建筑保温材料的生产厂商找到了对旧牛仔裤进行充分利用的好方法，还能节省能源。"人们很喜欢在美国最受欢迎的布料"，大卫•丘奇说，他是UltraTouch的母公司——Bonded Logic公司的总经理，"UltraTouch给了这些深受人们喜爱的牛仔裤第二次生命，而不是任由它们被运到垃圾填埋场"。

甚至保温材料生产过程产生的废料都被重新制成原料，从而创造了一个"零废弃物生产过程"。与许多其他保温材料不同的是，UltraTouch不含有刺激性的化学物质或者有害的空中悬浮微粒，并且不需要贴上致癌警示标签。它也不需要用到起阻燃作用的六溴环十二烷（HBCD），这是一种用在许多聚苯乙烯保温板中的化学物质。美国环保署称HBCD"可能对人类健康有害，动物试验结果显示，它可能影响生殖、发育和神经系统"。而UltraTouch用毒性比食盐低的材料——硼酸盐进行了处理。[5]

图13.5：等待回收利用
仅在美国，蓝色牛仔裤每年的销量就高达4.5亿条，这让它们成为取之不尽的资源。摄影：弗拉基米尔·迪米特罗夫。

Hy-Fi塔：自己生长的建筑

当The Living建筑工作室的首席建筑师大卫·本杰明探访Ecovative公司位于纽约市绿岛的生产设施时，他知道他想用他们的蘑菇材料（见第10章）来建造他的下一座建筑。本杰明那时正在为纽约现代艺术博物馆（MoMA）设计一件名为Hy-Fi塔的装置艺术，作为该馆举办的"青年建筑师设计大赛"的参赛作品。在他仔细察看一排排的菌丝体——菌类的一个生长阶段，可以在模具中继续生长并形成包装和建筑材料——和Ecovative的其他产品的时候，该公司的创始人埃本·拜耳和加文·麦金太尔向他介绍了他们新的"自己种植"项目。这一项目让设计师、艺术家、教育工作者和其他创新者能够用蘑菇材料种出他们自己创作的作品，而本杰明的想法是用它们来制作Hy-Fi塔的建筑砌块，这座塔将占据MoMA的PS1区域庭院空间的很大一部分。"我们在这个项目中尝试证实的一点是"，本杰明

图13.6：Hy-Fi塔
纽约现代艺术博物馆里有一件被称为Hy-Fi塔的装置艺术，它的建筑砌块是用Ecovative公司的蘑菇材料种出来的；摄影：苏珊·谢弗。

解释道，"使用当地材料更经济"。

"项目使用的所有材料都来自方圆150英里范围之内"，他在接受《创想计划》采访时表示。"这个临时建筑的展期结束后，我们会在纽约这里对它进行堆肥处理，然后将原料提供给当地的社区菜园和用于树木种植。"

将项目的10000块菌丝体砖堆到40英尺高，前后共花了三个月的时间。Hy-Fi塔在庭院内高高耸立着，MoMA显然也很喜欢这个作品，宣布它获得他们举办的"2014年青年建筑师设计大赛"的冠军。[6, 7]

带来巨大影响的微型房屋

你是否按照寄来的教学视频、完整的材料清单和网上的业主指导手册建造住宅？它是否不用两个星期就建好了？这只是"微型房屋"取得成就中的一小部分，它是用压实的泥土砌块这一天然材料建造的建筑。"微型房屋"是"开源生态"（OSE）的首个建筑项目，"开源生态"是由提供"地球村机械工具"（GVCS）的工程师、农户和支持者组成的全球网络。GVCS是OSE的创始人兼执行董事马尔桑·贾库包斯基提出的设想。自2003年项目启动以来，贾库包斯基和他的合作伙伴已经制作了超过12种不同的"工业机械"，包括拖拉机、焊机和生物塑料挤压机。

但是，你在商店里买不到这些机械。不过你可以从网上下载OSE免费提供的、持续更新的说明书，自己动手制作。"地球村机械工具"不仅仅是一个网上资料库。它还将致力于打破传统生产方式和商业模式的枷锁并创造全新做事方法的人集中到一起，形成了一个快速发展的全球社区。

图13.7：已建成的微型房屋
"开源生态"不仅在密苏里州的Factor e Farm展示采用了天然建筑材料和天然材料建造技术的微型房屋，而且还把它的完整设计和建造方案放到公司网站上，供免费获取。图片由克里斯·莱因哈特和开源生态提供。

克里斯•莱因哈特便是这些人中的一个代表。他有多年的用压实泥土块和其他天然材料设计和建造住宅的经验，因此是带领OSE涉足建筑业的绝佳人选。2013年，他主导了设计开发，随后在他的带领下，微型房屋的建设工作仅仅用了两周时间就完成了，使用了许多参照GVCS和在一小拨志愿者骨干帮助下制作的工业机械。项目大获成功，带动了更多微型房屋的开发，而莱因哈特也成为OSE的建筑创意总监和施工经理。第一栋微型房屋竣工后不久，开源建筑工作室的创始人兼首席设计师莱因哈特在美国波尔州立大学作了一次演讲，介绍了项目和项目背后的理念：

微型房屋的目标和开源其他项目的目标一样——都是采用标准尺寸的构件、同样的施工流程，设计简单，让技术水平低的人也能建造。简单的设计让尽可能多的人可以自己建房。房屋是为夫妻设计的，因此最初可以用4m × 4m的模块建造供两个人居住的空间。然后可以根据需要、技术手段的进步或家庭成员数量的增加来扩展。我们的想法是创建一栋带有天然感觉的建筑，即采用压实的土块、被动式太阳能设计和自然通风。但也要让它的外形简洁美观，能够被美国的普通民众接受。我用泥土砌块建了很多建筑，它们外形美观，但只有独具慧眼的人才会欣赏它们；一些人把它们称作"嬉皮的小屋"。我们对此并不认同；我们想让它的外观与典型的中产阶级住宅相媲美。

图13.8：施工中的微型房屋
开源建筑工作室的创始人兼首席设计师克里斯·莱因哈特（左）与志愿者一起工作，用压实土块砌筑微型房屋的墙体。图片由克里斯·莱因哈特和"开源生态"提供。

它是免费开放的资源，因此所有资料都被放到了网上，人们可以自行获取和使用；不牵涉到知识产权的问题。完整的设计方案被发布到维基网站上，因此任何人都可以取用。因为开源所做的一切工作都是对外公开的，并且想让人们从中学习，所以我们对文档进行了严格的编辑。我们用延时摄影记录施工过程，也拍摄了许多静态照片。

世界各地的人们都在为OSE贡献自己的一份力量——在许多地区，参与者是互相合作的关系。他们设想达到的一个目标是成套零件可以被放入集装箱，并与指导手册和教人们如何组装拖拉机和制作制砖机的教学视频一起被运送到某地。他们建好了一栋住宅后，可以向其他人传授经验。[8]

新型绿色屋顶材料：水藻

很少有天然材料像水藻那样无处不在，它们分布在世界各地的水道中。但现在，它们又蔓延到了另一个让人意想不到的表面——屋顶。水藻被公认为是未来的能源，尤其是作为生物燃料。但它的另一个不太为人所熟知的用途是沥青屋顶材料。传统的沥青屋顶材料是用石油制成的，包含大量隐含能源和隐含二氧化碳。

现在，两家荷兰公司——Icopal和Algaecom——与荷兰格罗宁根汉斯大学合作，以一种非常独特的方式，用水藻制作沥青屋顶材料。在Icopal公司位于荷兰格罗宁根的屋顶材料回收利用工厂，回收过程产生的热和二氧化碳用来支持水藻的生长，水藻作为新型屋顶材料的原材料。在他们的试验项目中，研究团队在12米长、由聚合物制成的大袋子里种植水藻。水藻吸收了回收过程产生的热量和二氧化碳，生长得很快，每两天它们的数量就增长一倍。然后，水藻中的油被提取出来，用于制作新型屋顶材料。

"世界上还没有哪一个回收工厂像我们这样，"按照Algaecom公司办事员伯特•克诺尔的说法，"用采收的水藻制作屋顶材料"。Icopal公司的CEO赫尔曼•舒特补充道，"水藻也可用于填补即将出现的沥青供应缺口。供应沥青的石油公司正越来越多地选择将沥青裂解，制成燃料"。将水藻用作制作屋顶材料的原材料，可以使屋顶材料生产企业从对石油的依赖中解放出来，同时能利用废能，还能减少二氧化碳排放和能源消耗。大多数沥青屋顶材料最终会被填埋，而对旧沥青屋顶材料进行回收利用，使得废弃物也大幅减少。仅美国每年就要生产和处理超过1000万吨沥青瓦，因此采用这一新型材料可以节省能源和少排放二氧化碳。[9]

注 释

1   Lee, H.S., Yap, J., Wang, Y.T., Lee, C.S., Tan, K.T., and Poh, S.C., "Occupational Asthma Due to Unheated Polyvinylchloride Resin Dust," *British Journal of Industrial Medicine*, Volume 46, Issue 11, November 1989, 820–822, www.ncbi.nlm.nih.gov/pmc/articles/PMC1009875/; Lithner, D., Nordensvan, I., and Dave, G., "Comparative Acute Toxicity of Leachates from Plastic Products Made of Polypropylene, Polyethylene, PVC, Acrylonitrile-butadiene-styrene, and Epoxy to Daphnia Magna," *Environmental Science and Pollution Research International*, Volume 19, Issue 5, June 2012, 1763–1772, www.ncbi.nlm.nih.gov/pubmed/22183785; Rudel, R., Gray, J., Engel, C., Rawsthorne, T., Dodson, R., Ackerman, J., et al., "Food Packaging and Bisphenol A and Bis(2-Ethyhexyl) Phthalate Exposure: Findings from a Dietary Intervention," *Environmental Health Perspectives*, Volume 119, 2011, 914–920, http://ehp.niehs.nih.gov/1003170/

2   Institute for Building Construction and Structural Design, University of Stuttgart, "ArboSkin: Durable and Recyclable Bioplastics Facade Mock-Up," February 10, 2013, www.itke.uni-stuttgart.de/download.php?id=690

3   Author interview.

4   Author interview. "Green Design," Shangri La Botanical Gardens & Nature Center, http://starkculturalvenues.org/shangrilagardens/about/green-design

5   U.S. Environmental Protection Agency, "(Styrene) Fact Sheet: Support Document," December 1994, www.epa.gov/chemfact/styre-sd.pdf; Azapagic, Adisa, Emsley, Alan, and Hamerton, Ian, *Polymers: The Environment and Sustainable Development*, Hoboken, NJ, John Wiley, 2003, 138; "In 2009, Ingeo Plastic Made from Plants Achieves a New Eco Plateau Reducing CO2 Emissions by 35%," *NatureWorks*, October 9, 2009, www.nature-worksllc.com/News-and-Events/Press-Releases/2009/02-10-09-Ingeo-EcoProfile

6   "Hy-Fi: The Living's Local, Sustainable, 10,000 Brick Mushroom Tower at MoMA PS1," June 30, 2014, http://thecreatorsproject.vice.com/blog/hy-fi-the-livings-local-sustainable-10000-brick-mushroom-tower-at-moma-ps1

7   "Your Product Ideas Come to Life with Ecovative's 'Grow It Yourself' Mushroom Materials," *Ecovative News*, July 22, 2014, www.ecovativedesign.com/news/?guid=8F0216CF2A036835311529B730C6AFE01A9E7E895C891E4AE5CCF579F128BF4B69270C5A0266ACB72F895D7AFE3EBEEF

8   "The Open Source Initiative," http://opensource.org/; Reinhart, Christopher, "Presentation at Ball State Alumni Symposium 2013," Ball State University, College of Architecture and Planning, Muncie, Indiana, October 25, 2013.

9   "Algae Tested for Use in Roofing Tiles," *Algae Industry Magazine* online, November 18, 2013, www.algaeindustrymagazine.com/algae-tested-use-roofing-tiles/

第 14 章

家具和家居用品

含有塑料的家居用品和家具特别值得关注，因为我们经常与它们接触。在我们与家具和其他家居用品的表面接触后，有毒颗粒会经由皮肤进入我们的体内，并且我们在使用塑料食品容器时，也可能食入有毒颗粒。家具和家居用品属于世界各地工业设计师的工作范畴，他们发挥自己的聪明才智，寻找塑料的替代物。无论是采用传统材料如木材，还是尝试使用新的材料（鸡毛，你相信吗？），后石油时代的设计师正在用其他材料，向住宅里随处可见的塑料发起挑战。

Cortiça躺椅：激发创新，保留传统

"我觉得我们对塑料已经有些厌倦了"，纽约家具设计师丹尼尔•米哈利克说，"我们试着往回倒退一些，重新用上天然材料，而在我看来，栓皮软木就是一个理想的选择"。但是很显然，他更愿意将使用栓皮软木看作是进步，而不是倒退。

"这一材料激发了我的灵感，"他继续说道，"我将它视为一个起点。除了可以用它来设计有趣的物品，它还是我们思考用不同的方式使用天然材料的样本。它在设计、家具、物品、室内和建筑等方面有巨大的应用潜力；它可以用在任何地方"。

为什么是栓皮软木？"栓皮软木是一种可再生材料，可以每九年采收一次。葡萄牙的栓皮软木产区保留着历经数个世纪的种植和加工制作传统，可以教会我们如何更负责地制作物品。我设计和制作的栓皮软木物件反映了我对这一材料来源和生长环境的热爱，可以将它与文化和产业进行有趣的结合。"

"我在纽约的工作室"，他补充道，"是一间致力于发现栓皮软木和其他材料新的应用潜力的实验室。在这个空间里，我们探索如何让栓皮软木的潜力充分发挥出来，使之成为一种不同寻常的天然材料，能够发挥新的作用，而其他材料则做不到"。

对于米哈利克来说，他用栓皮软木制作的Cortiça躺椅和其他作品，是他提出的将创新设计与工艺和天然材料相结合这一理念的产物。"加工制作"，他说，"现在有了新的模式，采用不同以往的、更环保的材料和加工制作技术。我用栓皮软木制作的这个作品就是一个很好的开始"。[1]

图14.1：Cortiça躺椅

栓皮软木是可再生的，每9年可采收一次；经纽约设计师丹尼尔·米哈利克巧手打造，它也可以变得十分美丽。图片由丹尼尔·米哈利克提供。

陶制罐中罐：不用电的冷藏装置

每年有近150000吨聚氨酯泡沫被用作器具的隔热层。但是，尼日利亚的一位教师穆罕默德·巴·阿巴设计了一种不需要高科技但极富创意的替代品。它名叫陶制罐中罐，是用黏土制成的"冰箱"。英国"中间技术开发集团"（ITDG）的知识和信息主管穆萨·埃尔克埃厄讲述了这个易于用当地材料制作、成本低廉的器物的故事：

哈瓦·奥斯曼是苏丹达尔富尔地区的一个农民。她种植了西红柿、秋葵、胡萝卜和芝麻菜，还开辟了一处小果园，栽种番石榴树。她在北达尔富尔州的首府法希尔的市场开了一家小卖部，这座棚屋是用木材和棕榈叶建造

图14.2：陶制罐中罐

尼日利亚的一位教师穆罕默德·巴·阿巴设计的陶制罐中罐，可以将通常2天后就会腐烂的农产品的保鲜期延长至20天。图片由劳力士雄才伟略大奖提供。

而成的，用来向客户展示她的商品。但在达尔富尔炎热的气候条件下，以前由于她的小卖部缺少储藏设施——并且没有电或冰箱，因此每天拿到市场上售卖的作物中，有一半会坏掉。

但现在，她正在售卖更新鲜的农产品，获得的利润也比以前多了。这多亏了一款设计精巧的器具——陶制罐中罐，它是尼日利亚一位名叫穆罕默德·巴·阿巴的教师发明的，去年被引入达尔富尔。陶制罐中罐由两个罐子组成，小罐子嵌在大罐子里，其顶部有一个用黏土制成的盖子。两个罐子之间的空间里填满了沙子，这样就在内部的陶罐周围创造了一个隔热层。沙子需要保持潮湿，这通过定期浇水来解决——一般是一天两次——从而降低了小罐内的温度。

每个陶制罐中罐可以装12公斤蔬菜，而制作成本不到2美元。评估其保鲜能

图14.3：正在制作中的陶制罐中罐
制作成本只有2美元的陶制罐中罐采用的是当地材料和制作工艺，因而降低了成本。图片由劳力士雄才伟略大奖提供。

力的试验结果显示，西红柿和番石榴的保鲜期可以达到20天，而如果不放在罐子里，过2天就会坏掉。甚至芝麻菜都可以在里面放上5天，通常它们过了1天就蔫了。

在法希尔市场卖陶制罐中罐的阿米娜•阿巴斯说，她发现罐子很畅销，因为几乎每个家庭都收留了一户躲避地区战乱的难民家庭。"因此，不仅仅是主人家，难民家庭也需要用它来存放水、蔬菜和水果，以满足日常所需"，她说。"它真是太棒了。"

买陶制罐中罐之前，哈瓦每天都必须把卖剩下的作物带回家。走路要6个小时，而因为天气太热，蔬菜最后都烂掉了。"这项技术可以帮我赚取足够的收入，来满足一家人的日常需求。它给我的生活带来了很大的转变，因为它让我变得自给自足。"

陶制罐中罐是一位名叫穆罕默德•巴•阿巴的教师发明的。巴•阿巴把他的设计交给了ITDG，该组织在埃尔法希尔大学研究人员的帮助下，开展试验来评估它在保留蔬菜营养成分和延长蔬菜保存期限方面的价值。现在，在ITDG的支持下，达尔富尔地区的妇女陶器制作协会正在法希尔制作和出售用于食物保鲜的陶制罐中罐。

ITDG的伊曼•穆罕默德•易卜拉欣说，如果用陶制罐中罐保存蔬菜，妇女们卖菜的利润可以增加25% ～ 30%。[2]

用麻纤维制作的椅子：旧与新的协同作用

麻纤维已不再是一种新奇的材料，它已经成了塑料的主流替代品。它可再生、强度大、重量轻，并且可生物降解。但德国设计师维尔纳•埃斯林格使用汽车制造的最新技术，让它有了新的用处。这一技术名为压塑成型，已经被应用到用石油基和植物基塑料生产汽车零部件的过程中。埃斯林格在他位于柏林的工作室，想出了一个压塑成型的方法，他采用了一种用天然麻纤维（70%）制成的新的天然纤维复合材料。麻纤维被Arcodur黏合在一起，后者是德国化学公司巴斯夫研发的水性丙烯酸树脂。Arcodur在交联过程中不会释放有机物如酚或甲醛，并且固化过程唯一的副产品是水。成品是一把薄如纸、牢固和可摞起放置的椅子。

"设计的发展"，埃斯林格说，"是由新技术和材料创新来推动的。对我们这些设计师来说，这些技术的出现总是会激励我们创作出新的物品和设计类型"。但技术是为越来越关注环境的消费者利益服务的，他说。"如今的消费者追求的是平

衡、健康、与环境和谐共生的生活方式。他们想要的是创新产品，如电动滑板车
和混合动力轿车，以及环保、轻质和耐用的新材料。"[3]

聊天桌意义重大

后石油时代的设计通常会赋予简单材料新的创意。新的过程和技术可以让传统、可再生的材料焕发新的活力。硬纸板就是一个极好的例子；虽然它最为人们所熟悉的应用是制作低档纸箱，但设计师利奥•肯普夫用一种活泼的立体造型，让它的面目焕然一新。他利用一种图标形式，创作了一件好玩且对环境无害的物品——聊天桌。肯普夫的这款家具主要使用了一种通常会被扔掉或者最好的情况是被回收利用的材料——瓦楞纸板，并把它变成了一件艺术品。设计师指出，"'对话气泡'的独特外形让这张桌子成为了一个很好的聊天工具"。[4]

图14.5：聊天桌
利奥·肯普夫设计的聊天桌让瓦楞纸板有了一种艺术的表现形式。图片由利奥·肯普夫提供。

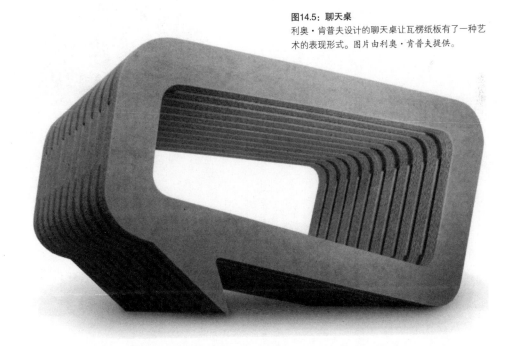

梅雷迪思花瓶：古老传统材料的优雅变身

与硬纸板一样，玻璃也是一种很普通的材料，但一位天赋异禀的设计师却让它变得不同寻常。虽然玻璃比塑料重（意味着运输时要排放更多的二氧化碳），但它回收利用的次数几乎是塑料的3倍。与大多数塑料不同的是，它可以被反复回收利用。玻璃也是无毒的，因此就算被填埋，也不会渗出有毒物质。但它有一个跟塑料相同的特点，那就是流动性。玻璃可以用模具制作成几乎任何形状，并且唯一的限制因素是设计师的想象力。帕扎克设计公司的彼得•帕扎克设计的梅雷迪思花瓶，利用这一古老的传统材料，制成了一件简单但优雅的艺术品。大胆的线条和急转的曲线形成了一个棱柱形，这一形状充分利用了玻璃与生俱来的透明、光亮和色彩等特质。[5]

图14.6：梅雷迪思花瓶
玻璃回收利用的次数是塑料的3倍，但当它拥有了如帕扎克设计公司设计的梅雷迪思花瓶那样优雅的外形，你会忍不住多保留它一段时间。图片由彼得•帕扎克提供。

阿莱西秸秆餐碗：更贴近自然

基于石油的设计过于频繁地将不可再生资源从地球中开采出来，用它们制成使用寿命很短的产品，然后把它们运到垃圾填埋场。与此形成鲜明对比的是，自然将废弃物作为原料，投入到新的植物生长过程之中并孕育出新的生命。这正是意大利设计师克里斯蒂娜•拉索斯设计的秸秆餐碗背后的理念。它

图14.7：阿莱西秸秆餐碗
意大利设计师克里斯蒂娜•拉索斯为阿莱西设计的秸秆餐碗，将有机成分混合到一起，包括秸秆、干草、石灰和太白粉。图片由克里斯蒂娜•拉索斯提供。

是应阿莱西的要求而设计的，将秸秆或干草与用水、石灰和太白粉制成的黏合剂相混合。成品是一个薄但结实的餐碗，色调是土色，那是其天然成分的颜色。

用秸秆制作的家居用品并不多见。你是怎么想到用这种材料的？

一家芬兰公司已经投入资金，针对这一材料进行技术研发，该公司的相关人员找到阿莱西，商谈合作事宜。他们提出将它作为一种包装材料，但阿莱西让我想想是否可以用它来制作某种物品。我决定将它制成一件桌面摆饰，即一个碗，空的摆在桌面上就让人赏心悦目，但也可以用来装面包、水果和坚果。我觉得简单和纯朴的形状就能最好地展现美丽的质地和当地固有的文化，即与自然和谐相处，并使用干草和秸秆。

你的作品采用了各种各样的材料，如钢材和回收木材。你怎么知道哪种材料最适合你的项目？

我喜欢使用可生物降解的天然材料，这样当用它们制成的产品的使用寿命结束后，不会在自然界中累积。我主要是根据目的，或者根据客户需求和技术发展来选择我的设计所需的材料。有时情况又恰好相反，一种美丽的材料吸引了我，并启发我思考，什么样的产品能够对它进行最好的利用。[6]

用鸡毛制作的花盆：废弃资源的新生

你或许以为园艺业是最环保的行业之一，因为它是与植物打交道。但美国华盛顿哥伦比亚特区园艺研究所的研究主管马克·Teffeau却看到了问题。"按理说我们属于环保产业"，他说，"但是我们用了很多塑料

图14.8：用鸡毛制作的花盆
别出心裁的创造力可以用任何材料来制作几乎任何物品，美国农业部环境微生物和食品安全实验室的沃尔特·施密特用鸡毛制作的花盆就证明了这一点，它为人们每年使用的5亿个塑料花盆提供了一种可生物降解的替代物。图片由美国农业部提供。

盆"。按照《园艺》杂志的说法，我们每年要用5亿个。大部分只用了一次就被扔掉了，以避免植物物种之间的交叉污染，被扔掉的塑料盆最终去了垃圾填埋场。

但是现在，美国农业部（USDA）环境微生物和食品安全实验室的化学研究员沃尔特•施密特研发出了一种令人大跌眼镜的替代品。他研究鸡毛已经有20年时间了，并发现它们是制作花盆的绝佳材料。羽毛主要由角蛋白构成，指甲也含有这一物质，并且羽毛的强度是木材的8倍。大锤和搅拌机都不能使它们粉碎。但是，用专用设备把它们磨碎后，再加入一种天然聚合物，就能制成实用的、100%可生物降解的花盆。

施密特在他位于马里兰州贝尔茨维尔的实验室接受美国国家公共广播电台（NPR）采访时表示，"你想想，如果每年有25亿磅被拔掉的羽毛，并且如果它们的价格和聚丙烯差不多，即每磅66美分，就相当于价值约20亿美元的天然资源没有被采集"。

施密特并不满足于在实验室制作花盆，他还想用羽毛制作建筑材料、钓鱼用具、肥料和BB弹。虽然他的羽毛花盆还没有进行批量生产，但是前景令人看好。消费者对石油基花盆的替代品的需求日益增长，而且得州农工大学的一项研究发现，消费者愿意为用家禽羽毛制成的花盆多支付10美分。[7]

有弹性的脚凳

说到木制家具的特性，大多数人首先想到的不会是轻质和有弹性。但是，法国设计师弗兰克•丰塔纳却给这张塔布雷脚凳增加了一些弹性，脚凳是用天然有韧性、质地细密的法国橡木制成的。虽然木材非常坚硬，但得益于丰塔纳设计的S形层压结构，整个的形体是有弹性的。他的创作表明，对传统材料进行创造性利用并不总是需要依赖新技术。[8]

图14.9：塔布雷脚凳草图
为了使他的塔布雷脚凳具有弹性，法国设计师弗兰克•丰塔纳进行了多种尝试。图片由弗兰克•丰塔纳提供。

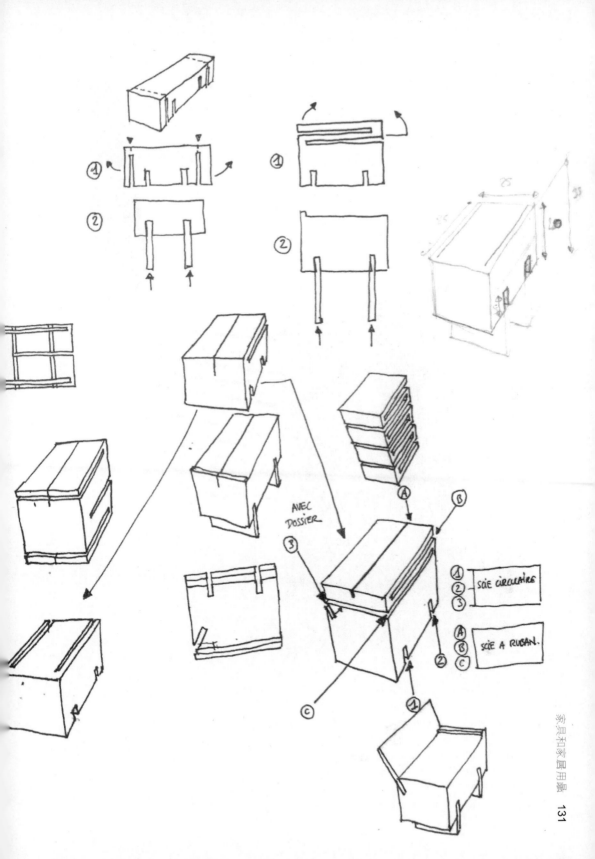

AVEC DOSSIER

SCIE CIRCULAIRE

SCIE A RUBAN.

图14.10：塔布雷脚凳

木材韧性好和强度大的特性在塔布雷脚凳中得到了充分利用。

图片由弗兰克·丰塔纳提供。

注 释

1   Michalik, Daniel, "Cork Design," uploaded February 14, 2011, www.youtube.com/watch?v=0gmVxvGH_SY; Morgan, Helen, "DMFD's Amazing Curved Chaise Lounge Is Made from 100% Recycled Cork," inhabitat. com, February 21, 2012, http://inhabitat.com/recycled-corks-arranged-into-amazing-curved-chaise-lounge-by-dmfd/; "Daniel Michalik, Furniture Design," http://danielmichalik.com/about/

2   Elkheir, Musa, "Refrigeration, the African way," SciDev.Net, www.scidev.net/en/features/refrigeration-the-african-way.html

3   "Hemp Chair & Hemp House," Studio Aisslinger, 2012, www.aisslinger.de/index.php?option=com_project&view=detail&pid=121&Itemid=1; LaBarre, Suzanne, "High Chair: A Lounger Made of Hemp for Stylish Stoners," March 14, 2011, www.fastcodesign.com/1663409/high-chair-a-lounger-made-of-hemp-for-stylish-stoners

4   "Leo Kempf Conversation Table," November 16, 2010, www.leokempf.com/blog/?p=141#sthash.rCaYcuis.dpuf

5   "Patzak Design," www.patzak-design.com/

6   Author interview; www.kristiinalassus.com

7   Berman, Emily, "Building the Next Big Thing with Chicken Feathers?" January 11, 2013, http://wamu.org/programs/metro_connection/13/01/11/building_the_next_big_thing_with_chicken_feathers; Yue, Chengyan, Hall, C., Behe, B., Campbell, B., Dennis, J., and Lopez, R., "Investigating Consumer Preference for Biodegradable Containers," *Journal of Environmental Horticulture*, Volume 28, Issue 4, December 2010, 239–243, http://aggie-horticulture.tamu.edu/faculty/hall/publications/jeh_10-11.pdf

8   "Le Tabouret—Design: Franck Fontana," Design Pyrenees, www.designpyrenees.com/produits/tabouret.html; www.franckfontana.com/www/FranckFontana.html

— 第 15 章 —

服　装

在我们所买的服装被挂到百货商店的架子上之前，它们要消耗大量的资源。纺织工业每年使用超过100万吨化学合成的表面活性剂——用作清洁剂、发泡剂和乳化剂的化学物质，其中70%最终进到了废水里。此外，每生产1磅染色成品织物，就要用掉超过250磅的水。大部分纺织厂被美国环保署列为有害和有毒空气污染物排放的主要来源，主要是因为它们的锅炉排放了氮和二氧化硫。"一家大型工厂在上浆过程中排放数万磅甚至数十万磅甲乙酮、甲基异丁基酮、甲苯、二甲苯和二甲基甲酰胺，这是很常见的"，北卡罗来纳州立大学纺织化学教授布伦特·史密斯这样说道。在纺织品生产过程中，我们甚至用化学物质去消除其他化学物质的影响——比如用消泡剂和镀浴安定剂。

生产天然纤维织物和合成纤维织物可能要用到一样的化学物质、表面活性剂和上浆工序。例如，全世界生产的杀虫剂中，有1/4用在了棉花种植上。但是，世界上最常见的织物不是天然的，而是人工合成的。聚酯，特别是聚对苯二甲酸乙二醇酯（PET），是生产塑料水瓶也要用到的材料。但使用PET最多的还不是塑料水瓶生产；纺织品生产使用的PET是其2倍。以石油作为原材料、化学添加剂和能源，PET生产每年要消耗7000万桶石油。

斯德哥尔摩环境研究所发布的一份研究报告指出，每吨聚酯织物生产消耗的能源是种植棉花和生产棉布的近5倍。但是，生产聚酯所需的石油中，只有1/3是作为原材料；其余的是作为加工过程中的能源和石油化学产品。二氧化碳排放的情况也与此类似。棉花排放的二氧化碳不到聚酯生产排放的二氧化碳的2/3。从环境的角度来看，合成纤维和天然纤维的主要区别是合成纤维以石油为原材料。"聚酯的生产"，斯德哥尔摩环境研究所的报告总结道，"即使对能源的需求由可再生能源来满足，也不可能无限期地持续下去。石油这一原材料是一种不可再生资源，它总有一天会耗尽的"。[1]

Armadillo Merino：不用塑料的人体防护衣

"总有一天"，Armadillo Merino公司的创始人安迪•考伊说，"当我们回想起穿用合成纤维制成的衣服的日子，我们会觉得不可理解"。为什么？考伊解释说，"涉险行业人员所穿的贴身衣服很多是用合成纤维制成的，我们掌握了一些证据，显示这存在重大的健康和安全隐患。一些士兵、消防队员和警察受了重伤，因为用石油化学产品制作的衣服熔化、滴落或着火，并且熔化的物质渗入了他们的皮肤"。

军事医学专家认同这一说法。"烧伤可能会危及生命"，海军上校林恩•E•威林说，他是美国海军陆战队第一后勤组的外科主任，"如果你将（熔化的合成材料）扔到烧伤表面，伤口会变得很可怕，简单来说，就是你在严重烧伤的同时，还会有一堆塑料熔化并进入你的皮肤，你可不想带着这样的惨状回家并让家人看到"。问题是合成纤维如尼龙、丙烯酸纤维和聚酯一旦着火就会熔化，变成一种热的黏性物质，可能会渗入皮肤，使烧伤进一步加重。美国海军陆战队认为这一危险不容小视，因此禁止在伊拉克前线作战基地外执行作战任务的陆战队员穿含有聚酯或者尼龙的运动服。"这一政策颇得人心，因为它是出于安全考虑而制定的，并且可以保持海军陆战队的战斗力"，杰森•里奇菲尔德下士说，他是海军陆

图15.1：Armadillo Merino T恤

Armadillo Merino公司为在高风险环境下工作的专业人士设计了一款毛料防护衣，以替代用石化基布料做的衣服。图片由Armadillo Merino公司提供。

战队第一后勤组的一名宪兵。

禁令于2006年开始实施，当主流运动服生产商如安德玛和耐克仓促应对的时候，有人却想到了一个主意。安迪•考伊在新西兰南岛一个养绵羊的牧场里长大。这意味着他对美利奴羊毛的特性再熟悉不过了。美利奴羊毛是一种特别柔软的羊毛，贴近皮肤时会很舒服。它的优越性在于能够调节体温，受潮了也能保暖，可生物降解，并且有天然的阻燃性。

考伊在服装行业也有一些从业经验，他创办了Ministry of Wool公司，并开始销售一款被他命名为Armadillo Merino的运动装——"涉险行业人员的防护衣"。最近该公司被英国的初创公司大奖授予"年度创新产品企业"的称号。"这些不仅仅是T恤，还是人体防护衣"，考伊说，他已经与意大利海军特种部队签订向后者供货的协议。甚至连国际空间站的宇航员都穿的是Armadillo Merino毛料T恤。不含石油内衣市场的竞争正在逐渐升温；耐克和安德玛现在都在生产棉质衣服，其销量超过了合成纤维做的衣服。[2]

Dominique Duval手提包：水藻也可以很高端

奢侈配件品牌Dominique Duval推出了用水藻基生物塑料制成的手提包系列，这种生物塑料是由Cereplast公司研制的，该公司最近被Trellis Earth Products公司收购。这家公司有一款名为生物聚丙烯109D的产品，其原料中有20%是后工业时代的藻类生物质，使最终产品的碳足迹和它的石油基塑料含量都有所降低。Dominique Duval的创始人简•高蒂尔在一次采访中谈到了她选择Cereplast公司的生物塑料的原因：

Cereplast：你为何决定使用生物塑料？

简•高蒂尔：作为一名设计师，我总是在寻找既能保证产品质量，又能减少其碳足迹的方法。生物塑料比传统塑料更环保，这对我和我的顾客而言都是很重要的。我与Cereplast合作的首批产品是用藻类生物塑料制作的头饰，这是为巴雷特工厂设计的。回想起小的时候，我在斯廷森海滩上玩，经常能捡到水藻和其他海洋植物，这是一段有趣的经历，而现在我正与Cereplast一道对水藻加以利用。我的顾客很喜欢水藻产品系列。塑料可以用水藻和其他植物制成，他们觉得这真是太美妙了！

图15.2：用水藻制成的手提包
时尚公司Dominique Duval推出的这款手提包是用含有20％藻类生物质的生物塑料制作的。图片由Dominique Duval 公司提供。

Cereplast：这种材料的哪些方面吸引了你？

简•高蒂尔：外观的设计很精美，但实际上也非常耐用和环保。水藻有不可思议的触感和丝绸般的质感。我用来制作手提包的这个材料也是非常独特的，因为它柔软、韧性好，还很结实，这让它成为制作手提包的理想材料，同时对环境也更有利！[3]

天丝布料：将废弃物变成时装

棉和竹纤维的种植要用掉全世界1/4的杀虫剂，这会"危害环境和健康"，而石油基合成纤维引发了人们对环境的诸多担忧，本书对此多有提及。纺织品生产商兰精集团却找到了让人意想不到的替代品，即用木材制作的衣服。这家奥地利生产商用莱赛尔纤维——用木浆纤维制成的一种可生物降解材料来制作它的天丝织物。兰精公司使用的木材是桉树，来自可持续管理的森林。

图15.3：MILCH用天丝布料制成的汗衫
这款衣服具有双倍的可持续性，是由维也纳设计师克洛伊德·鲍姆加特纳对衬衫进行升级再造而制成的，衬衫是兰精公司用其可生物降解的天丝布料制成的，而天丝布料是用木浆纤维纺织而成的。图片由MILCH提供；摄影：克里斯蒂娜·Leurer。

　　天丝的用途广泛，可以做成丝绸、桃皮绒或斜纹棉布等多种表面效果的织物，也可与其他纤维如羊毛、棉和亚麻混纺。由于它的适用范围广，它被用在衣服、床上用品、地毯、座套中。为了生产天丝，兰精公司采用"闭环生产流程"，对99.7%的溶剂进行循环利用并重新投入到生产过程中。此外，整个过程的用水量比棉花种植和生产要少95%。

　　说天丝是一种可持续材料似乎还不足以令人信服，兰精公司最近与维也纳设计师克洛伊德·鲍姆加特纳合作，对生产商没有卖出去的男士衬衫进行升级再造，制成女士时装。鲍姆加特纳的设计公司MILCH致力于她所说的100%升级再造。"我们生产链的每个环节都注重环境和社会影响"，鲍姆加特纳解释说。"原材料（过时的男士西装、衬衫）来自维也纳，并委托给有社会责任感和成本意识强的公司加工。"她的特别时装系列将升级再造提升到了一个全新的水平，在时尚界也引起了轰动，在2014年初的巴黎时装周上，当身穿该系列时装的模特走上T型台时，现场观众一阵惊呼。[4, 5]

Ethletic运动鞋：为人类和地球的未来着想而设计的胶底帆布运动鞋

说到鞋子，很难找到一双是没有用塑料的。就算鞋面是用皮、帆布或者麻做成的，也几乎清一色是合成纤维、石化基鞋底。但是Ethletic——总部设在欧洲、由马丁•库恩茨博士创立的品牌——却研发出了完全不用塑料的胶底帆布运动鞋。Ethletic运动鞋的鞋面是用获得公平贸易认证的有机棉帆布制作而成的，而鞋底则是100%天然橡胶。另外，橡胶来自获得森林管理委员会（FSC）认证的可持续经营的森林。Ethletic还本着公平贸易的原则，支出一笔额外的费用，为它的割胶工人和生产商提供教育和医疗保健设施。Ethletic在北欧的经销商乌尔丽卡•门施解释了为什么这些社会和环境行动对公司如此重要。

为什么你坚持用天然材料如有机棉和天然橡胶来生产你的运动鞋？

胶底帆布运动鞋背后的理念是对环境和社会负责——选择获得公平贸易认证的有机棉和获得FSC认证的天然橡胶是一种方式，支付额外费用是另一种方式。

为什么认证很重要？

人们想要确保他们买到的是"对"的商品，而像"公平贸易"和FSC这样的认证是大家都很熟悉的，能让他们放心购买。对于我们这些经销商来说，确保生产链的所有环节都对环境和社会有益是很重要的；如果让我们自己来做监督工作的话，既费时又费钱。

为什么不用塑料？

塑料含有不必要的化学物质，可能对人体健康和环境造成危害。我们正在扶持那些使用天然橡浆的小生产商。

你从斯里兰卡等地的可持续经营的种植园购买天然橡胶，还拿出一部分钱来为那里的工人兴建卫生和福利设施。为什么你这么重视这些社会工作？

我们不想"损人利己"，我们按照市场价售卖我们的产品，只是觉得生产商也理应得到他们的一份，这样才公平。

有没有可能让所有公司在社会和环境工作方面都向你们看齐？如果可以的话，它们为什么不这么做，如何能让它们发生改变？

事实上，我认为大多数公司可以做得更好；仅仅需要在材料和劳动力来源上多下一点功夫，多一点创造力，去寻找好的替代物。我认为它们也缺乏品牌建设方面的知识，如果让外界知道它们是一家负责任的公司并且言行合一，会对公司带来积极的影响。我还相信，创造需求并且让顾客了解这些是好的替代品是有必要的，以迫使公司做出改变。

再回到不用塑料的话题，你是否认为未来我们将看到更多不用塑料的商品？设计师和生产商怎样做才可以让我们减少对塑料的依赖？

图15.4：Ethletic运动鞋
Ethletic运动鞋的生产没有用塑料，而是采用获得公平贸易认证
的有机棉和获得FSC认证的天然橡胶。图片由Ethletic提供。

是的，我们肯定会看到更多这样的产品。我们已经有了人字拖、足球、帽子等产品，都是用天然橡胶做的。至于其他设计师和公司，就像前面提到的，他们必须寻找替代物，并且要有做出改变的决心。[6]

注　释

1　Andrady, Anthony, ed., *Plastics and the Environment*, Hoboken, NJ: John Wiley, 2003, 273; ibid., 283; "World Cotton Production," Cotton Incorporated, Monthly Economic Letter, October 2014, www.cottoninc.com/corporate/Market-Data/MonthlyEconomicLetter/pdfs/English-pdf-charts-and-tables/World-Cotton-Production-Bales.pdf; Barrett, John et al., "Ecological Footprint and Water Analysis of Cotton, Hemp and Polyester," Report prepared for and reviewed by BioRegional Development Group and World Wide Fund for Nature, Stockholm Environment Institute, 2005, www.sei-international.org/mediamanager/documents/Publications/Future/cotton%20hemp%20polyester%20study%20sei%20and%20bioregional%20and%20wwf%20wales.pdf; "Global Textile Manufacturing Industry," ReportLinker Textile Manufacturing Industry Market Research & Statistics, www.reportlinker.com/ci02126/Textile-Manufacturing.html

2　Author interview; Holt, Stephen, "Synthetic Clothes Off Limits to Marines Outside Bases in Iraq," *U.S. Department of Defense News*, April 12, 2006, www.defense.gov/News/NewsArticle.aspx?ID=15478; Astley, Oliver, "Why Wool is Andy's Secret Weapon on the Battlefield," *Derby Telegraph*, December 5, 2012, www.thisisderbyshire.co.uk/wool-Andy-s-secret-weapon-battlefield/story-17502707-detail/story.html

3　"Eco-Conscious Handbag Collection Made from Cereplast Bioplastics," http://investorshub.advfn.com/boards/read_msg.aspx?message_id=83828744

4　"Tencel: The New Age Fiber," Lenzing Group, www.lenzing.com/en/fibers/tencel/tencelr.html

5　www.milch.tm/en/; "Upcycling Action: Tencel Shirts in a New Light," February 14, 2014, www.priscillaandpat.com/blog/upcycling-aktion-tencel-hemden-erstehen-im-neuen-glanz/

6　Author interview.

第四部分

建立一个后石油时代的世界

第 16 章

后石油时代的制造业

材料选择

后石油时代的设计师正在改变我们创建世界的方式——创造出不用塑料的产品，这些产品含有很少的石油或根本不含石油，并且生产过程也很少或根本不产生废弃物。正如我们所看到的，像伊扎尔•加夫尼的硬纸板制自行车（第12章）、维尔纳•埃斯林格的用麻纤维做的椅子（第14章）和梅赛德斯–奔驰Biome概念车（第8章）这样的产品为后石油时代的未来指明了方向，这样我们就可以少用化石燃料，也可以少受它们产生的副作用的伤害。但是，要想对一个依赖石油的世界进行改造，后石油时代的设计师们面临的挑战着实不小。就拿配送来说吧。在Gone Studio，我们可以设计和制作出不用塑料、不产生废弃物和不用电的产品。但这些产品要交到顾客的手中啊，除了靠烧油的车来运送，我们没有别的选择。木制冲浪板公司（第12章）的迈克•拉•韦基亚和布拉德•安德森在全国各地开办"自己动手制作"工作坊，并就地取材，即便如此，迈克和布拉德，连同他们的学生、工具和材料，也必须去到工作坊。树屋（第13章）的设计者斯科特•康斯特布尔甚至开玩笑说想在旧金山湾坐船，把他的产品亲手交给客户，但这样一来，他就没有多少时间进行设计和生产了。

无论是配送、材料选择、生产耗能还是废弃物管理，后石油时代的设计师正在充分发挥他们的创造力，寻找新的方法，最大限度地减少我们这个依赖石油的世界的化石燃料足迹。配送产品的主要障碍是运输，因为要用到以汽油为燃料的车辆和塑料包装。大多数后石油时代的设计师拒绝使用塑料包装，一些人甚至自己研发替代品。

正如我们在第10章看到的，米德维实伟克公司生产的Natralock包装是由纸和塑料组成的，这种泡壳包装将塑料用量减少了一半以上。Ecovative公司自己种植包装，并为顾客提供用他们的蘑菇材料制成的各种环保产品，事业做得风生水起。鲍伯在巴西经营的汉堡连锁店和MonoSol公司的Vivos可食用薄膜包装，甚至都可以让人们直接吃掉包装。非设计专业的热心人士也赶来添砖加瓦，如杰克•约翰逊，他的CD被装在不用塑料的封套里出售（第11章）。

比起配送，后石油时代的设计师在原材料上拥有更多的选择。正如我们在第9章看到的，一些人采用新技术，并使用人们熟知的天然材料。在电子产品领域，这样的例子包括基隆-斯科特•伍德豪斯的用竹质外壳包裹起来的ADzero智能手机、iZen的竹制键盘和辛吉•苏西洛•卡多诺的IKoNO木制收音机。而在第8章，我们看到在汽车设计中，设计师们在为他们提出的后石油时代的解决方案寻找合适的材料时，可选项丰富多样，创新也令人目不暇接。梅赛德斯–奔驰汽车公司的先锋设计中心运用生物工程技术来设计Biome概念车，这是一款不用石油的车型，并且是由种子——DNA长成的。丰田汽车公司用海藻基生物塑料制造的1/x，让不用石油的概念离现实更近了。同时，路特斯汽车公司在它的Eco Elise车型中采用了一种由麻纤维和聚合物混合而成的材料。福特汽车公司的无石油汽车项目表明，甚至连世界上最大的汽车制造商都在想办法不用塑料。肯尼思•库博克和阿尔布雷克特•伯克纳在他们打造的凤凰竹概念车中，也选用了一种天然的替代材料，即美观的藤材，为当地传统工艺注入了新的活力。

后石油时代的设计师获取材料的方法各不相同，这说明这场运动的意义不仅仅在于重拾对天然材料的兴趣。生物混合材料，顾名思义，就是将生物基和聚合物基成分相混合，它是通向完全无石油产品道路上的"垫脚石"，也是一种过渡技术，好让公司（和它们的顾客）更容易接受后石油时代的设计。维尔纳•埃斯林格用天然麻纤维（70%）和Arcodur——德国巴斯夫公司研发的一种水性丙烯酸树脂——做成的椅子，就是通过创造出新的混合材料，在石油基设计和后石油时代的设计之间架起一座桥梁的绝佳范例（第14章）。细胞计算机用活细胞代替硅和晶体管来管理信息，这预示着未来生物材料——就像用在梅赛德斯–奔驰Biome概念车上的那些材料——将利用DNA和生物体的其他部分创造出新的材料，从而模糊了活体和非活体之间的边界。

天然材料在其他书里已经讨论得很充分了，因此我在这里不再深入探讨。但是很显然，本书中提到的后石油时代的设计师采用的材料既有已经发展很成熟的，如木材和棉，又有21世纪才开始尝试的有机物，如水藻和细菌。天然或生物

《后石油时代的设计》一书中介绍的有机材料

木材	玻璃
海藻	棉
藤	黏土

竹	鸡毛
纸	秸秆
大肠杆菌	栓皮软木
硬纸板	橡胶
纤维素纤维	麻纤维
蘑菇	羊毛
玉米苞衣	水藻

会发光的告示牌：给加拉帕戈斯群岛的生态观光客以启迪

这是设计师奥克塔夫·佩罗为加拉帕戈斯群岛的旅游控制站设计的作品，他用会发光的细菌来帮助游客了解他们对脆弱的生态系统造成的影响。"游客的持续涌入促进了当地经济的发展，但同时也威胁到了它自身"，佩罗说。"这个项目为加拉帕戈斯群岛提供了特别建造的生物海关，以保护它令人称奇的生物多样性。(译者注：游客进出都必须接受检查，以防其携带物品中的外来入侵物种威胁到岛上的生物，或者防止有人盗窃受保护的物种。) 海关的附近有100块悬挂在悬崖边的、装满了细菌的面板。每块面板代表一个由联合国提出的可持续发展指标，通过不同的细菌密度，反映出某一指标所处的状态。总而言之，这些面板会让游客对该群岛的社会、经济和环境状况有一个大体的了解。"[1]

图16.1：会发光的告示牌
这是设计师奥克塔夫·佩罗为加拉帕戈斯群岛创作的"生物入口"项目，将100块装有会发光的细菌的面板摆在一起。图片由奥克塔夫·佩罗提供。

基材料面临着来自石化塑料的激烈竞争，因为后者的成本较低。但是，随着石油供应的日趋紧张，石油基塑料的价格将会上升。日益增长的需求也会使生物基材料的成本降低。不过，生物基材料需求的不断增长，也引起了一些有趣的争议。有一次，我在演讲时，就有人问道："如果我们用栓皮软木制作一切物品，会怎样呢？我们所有的土地是不是都要用来种栓皮栎？"换句话说，随着对生物基材料需求的日益增长，我们是否需要用更多的土地来种植原料？欧洲生物塑料协会发布的一份报告显示，生物塑料原料种植占用的农业用地面积还不到全世界农业用地总面积的1/1000，但是，随着它们逐渐替代石油基塑料，情况将发生改变。要想提供数量充足的天然原料来取代塑料，关键在于可持续种植。如果我们能够避免从事大规模的单一种植和其他有害的农业活动，就可以对大量的木材和其他材料进行可持续的种植。我们还在学习如何将数十亿吨的农业废弃物如玉米秸秆作为原料，用于生产生物基材料。海洋为海藻等植物提供了近乎无限的生长空间，虽然目前在陆地上的水产养殖场种植这些植物的效率更高。[2]

棕榈油：一种可持续的材料？

我唯一一次在有武装警卫的场合作演讲是在位于哥伦比亚首都波哥大的一家生物燃料生产厂的开业仪式上。那时，炼油厂仍然是恐怖分子的袭击目标，目的是打击该国高速增长的经济。不过，这家炼油厂提炼的不是石油，而是将棕榈油转化为汽车燃料，这在该国尚属首例。但是，由于需要大规模种植棕榈树，棕榈油从此给人们留下了不好的印象。一些大公司通过烧光或者砍光的方式腾出大片土地，种上了一排排数不尽的棕榈树。棕榈油本身并没有错，它的碳足迹和有害排放都比石油要少；问题是我们如何种植棕榈树。

可喜的是，对单一种植的担忧促使棕榈油产业朝着可持续的方向发展。一些认证计划现在正在实施，世界各地可持续经营的种植园数量也在不断增加。许多国家的政府正在要求进口棕榈油必须达到严格的可持续标准，就像欧盟的生物燃料政策中规定的那样，并且越来越多的国家如印度尼西亚也正在为可持续的种植活动建立标准。[3]

生产耗能

石油不仅仅是我们生产产品所用的塑料的主要原料；它也为它们的生产提供电力。仅在美国，工业每年就要烧掉近20亿桶油。不用塑料的产品对减少这一数量无疑有很大帮助，但是当它们的生产由化石燃料来供电时，它们的可持续性就大打折扣了。虽然我们的制造业最终将由清洁能源如风能和太阳能来提供电力，但它们在制造业的应用还不多见。本书介绍的产品中，大多数的生产还是使用常规的化石燃料。也有几个用的是替代能源。一些产品最大限度地减少化石燃料的使用或甚至不用。在工业生产的一个极端，一些手工制品只依靠人力来制作。苏丹出产的陶制罐中罐只需要一个手动旋盘和温暖的阳光就能制作了（第14章）。在Gone Studio，我们每年卖出数百件制作没有用到电的产品。我们采用天然原材料，如羊毛，其中一些在生产过程中可能会用少量的电，但我们所有的制作都是借助手工工具。

但是，一家大型制造商如汽车组装厂也能做到不用石油吗？汽车制造商路特斯和宝马给出的答案是一个肯定的"Yes"。路特斯与英国清洁能源公司"生态电力"（Ecotricity）合作，只用风力涡轮机来为它位于英国诺福克郡的组装厂提供电力。"我们对风机的表现很满意"，生态电力公司的CEO戴尔·文斯说道，还用上了一点当地的方言。"这个地方非常适合安装风力涡轮机，我们想和路特斯一起进行一项非凡的尝试，即打造世界上第一家完全用风能来供电的汽车制造厂。这将是一个有深远影响的项目，因为全世界正设法应对能源危机和气候变化。"但是，路特斯必须加快脚步，不然就会被宝马赶上了。这家德国汽车制造商也在计划完全用风能来为它位于莱比锡的工厂提供电力。这一项目表明，工业生产向使用清洁能源转变是有可能的，甚至一家年产汽车200000辆的工厂也可以做到。[4]

利用风力进行生产

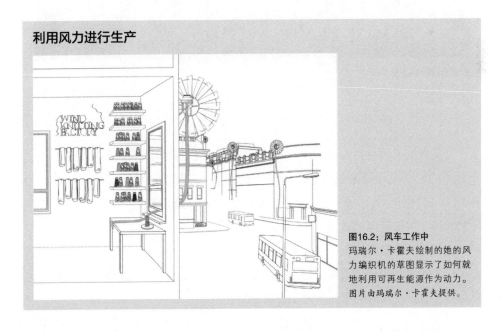

图16.2：风车工作中
玛瑞尔·卡霍夫绘制的她的风力编织机的草图显示了如何就地利用可再生能源作为动力。
图片由玛瑞尔·卡霍夫提供。

荷兰让风车出了名。现在，一位荷兰设计师正把它们放到户外进行展示，意在倡导使用清洁能源进行生产。设计师玛瑞尔·卡霍夫制作了一台移动风力装置，她最初用它作为一台围巾编织机的动力源。现在，她已经能用一台装置为一整座家具厂提供动力了。卡霍夫的家乡北荷兰省有很多历史悠久的风车，如用于磨染料的"猫"（De Kat），以及用于锯木的"小绵羊"（Het Jonge Schaap）。她的家具厂与锯木厂、彩染磨坊和卡霍夫——编织者结成了合作关系。他们的三台不同的风车分别完成木材切割、座垫用织物编织和染料研磨等工序。"这台便于移动的风力编织机通过展现生产过程，让我们看到了城市风能利用的无限潜力"，她说。[5]

图16.3：风力编织机
荷兰设计师玛瑞尔·卡霍夫的风力编织机利用风作为动力，编织围巾，有一台小型风车作为编织机的动力源。
图片由玛瑞尔·卡霍夫提供。

　　高能耗的工业也在通过利用头顶上的一种免费能源来降低成本。太阳能在工业领域的应用变得越来越普遍，为包括乳酪生产厂和尤克里里琴生产厂在内的各类工厂提供电力。马萨诸塞州劳伦斯市的一家芭蕾舞鞋生产厂就在屋顶安装了1000多块太阳能电池板，并声称自己是世界上最大的太阳能发电芭蕾舞鞋生产厂。它们的太阳能电池板可不是噱头；这家公司希望用四年时间收回投资，在那之后，就可以享用免费能源了。它们的屋顶光伏阵列每年发电273000千瓦时，应付每年上百万双鞋的生产任务绰绰有余。[6]

其他公司也在削减石油用量,但它们的方法不是转为使用可再生能源,而是设计可以大幅降低能耗的生产过程。用蘑菇制作冲浪板、隔热材料和包装的生产商Ecovative,通过种植他们的产品——只需加水,他们的菌丝体就能生长且几乎不消耗能源——使得位于纽约的一座40000平方英尺的工厂的能耗降低(第10章)。梅赛德斯-奔驰汽车公司在一些车型上采用了一种抗刮的冷固化纳米涂层,从而将能耗削减了75%。

从个人的努力,如风力编织机,到世界上最大公司的百万千瓦光伏装机容量,无石油生产如今正在成为现实。它的践行者正在克服各种困难,如资金短缺,许多工业流程的高能耗需求,以及光电和风电设备安装的场地限制等。总有一天,工厂只需要从由可再生能源供电的电网获取清洁电力。但是,这一天离我们还很遥远。与此同时,后石油时代的领军者,从企业家到工业巨头,正在通过用更清洁的能源生产更环保的产品,将主动权牢牢掌握在自己手中。

以零成本进行零碳生产

美国戴顿大学工业评估中心(UD-IAC)在一份题为"以净零成本进行净零碳生产"的研究报告中,对想要降低生产能耗的企业提出了以下建议:

提高设施的能源效率
根据国家可再生能源实验室的说法,提高建筑的能源效率可以使能耗平均降低43%。一些提高能效的措施,如调低热水温度,关灯,下班时调低恒温器的温度等,不用花钱就能办到。转为使用紧凑型荧光灯或LED灯,用节能设备替代现有

设备，加装隔热层等，则可以用最少的投资换来极大的节能效果。

投资于就地可再生能源系统

提高能效的初始投资收回后，UD-IAC建议，应该将节能带来的现金流（节省下来的费用）投资于一个就地可再生能源系统。应该合理确定这个系统的规模，这样系统带来的现金流和节能省下的费用就完全可以偿还系统的短期贷款。最终结果是系统的安装不需要生产者付出额外的成本。

投资于场外可再生能源

生产者通常不可能就地利用可再生能源满足它们所有的用电需求，因此，在就地可再生能源系统的贷款全部还完之后，应该将节能带来的现金流用于购买可再生能源信用额度（RECs）。RECs是可买卖的商品，代表的是利用可再生资源如风能、太阳能、小水电和生物质能所发的电。购买RECs和直接从可再生能源电力生产商那里购电是一样的。基于以往与客户合作的经验，UD-IAC总结道，"能效提升省下的费用加上就地可再生能源系统省下的费用通常就够买RECs了，这样一来，生产者就可以实现净零碳排放了"。

这种渐进式的降低生产能耗的策略不仅可以减少化石燃料的使用，而且可以省钱。美国总务管理局发布的研究报告显示，获得LEED认证的建筑的能耗比未获得该项认证的建筑要少25%，并且运营成本平均降低了19%。杜邦公司称，自1990年开始采取能效提升措施以来，已经节省了50亿美元。[8]

配 送

如果你没有自己的卡车车队，那么除了用烧燃料的交通工具运输，你几乎没有别的选择。但是，一些有车队的公司却要做出改变。例如，可口可乐公司现在拥有16辆冷藏电动卡车，用于在旧金山一带运送奥德瓦拉饮料。"可口可乐公司此举会形成一种示范效应，进而推动整个行业向前迈进"，布赖恩•汉森说，他是这款卡车的制造商史密斯电动汽车公司的CEO。可口可乐的竞争对手百事可乐也不甘示弱，在纽约配备了35辆电动卡车，运送它的子公司菲多利生产的零食。[9]

对于那些还没有准备好配置自己车队的后石油时代的设计师，美国联邦快

图16.4：美国联邦快递公司的电动卡车
联邦快递用电动卡车在芝加哥、伦敦、洛杉矶、孟菲斯、纽约市、巴黎和香港等地送货。图片由Shutterstock.com提供；摄影：达里尔·朗。

递公司可以用电动卡车为他们提供运输服务。目前，该公司拥有43辆纯电动商用车，在芝加哥、伦敦、洛杉矶、孟菲斯、纽约市、巴黎和香港等地开展货运业务，还有330辆混合动力车以及58辆以压缩天然气为燃料的卡车。联邦快递亚太区总裁大卫•L•坎宁安指出，"我们使用这些电动卡车不仅仅是为了提高联邦快递在亚太地区的运输效率，也是想促进纯电动卡车的发展，以呼唤全体车主携手走向一个更可持续的未来"。[10]

穿越太平洋，来到俄勒冈州的波特兰市，另一种不用石油的产品运送方式正在这里兴起：自行车快递。查德•沃尔什在波特兰的《街区指南》中写道，"这些非常年轻的自行车快递公司似乎都有很强的环保意识、进取精神和玩乐心态。他们认真对待工作，想要将个人和企业所需的物品快速地送达，通常价格也比传统运输方式要低"。该市的B-Line自行车快递公司的所有人和CEO富兰克林•拉辛-琼斯说，他的快递员的骑行里程已经超过了3000英里。据估计，用两个而不是四个轮子将有机食品和其他产品送到波特兰市民手中，每年可以少排放18吨二氧化碳。[11]

波特兰的自行车快递文化已经深入人心，以至于一些公司正在开始专攻这一领域：SoupCycle就是一个很好的例子。根据公司创始人杰德•拉扎尔的说法，该公司送新鲜的汤已经超过50000次了。他们不只用自行车送汤，他们还自己做，有奶酪和味噌等口味。"我们并不担心汽油价格的波动，因此我们可以准确地预测开支"，拉扎尔说。"我们对环境的关注也吸引来了很多新的顾客。"SoupCycle不是波特兰唯一一家用两个轮子经营的企业。还有十多家其他公司的员工，包括管道工、景观工程承包商和房屋清洁工，也纷纷效仿。[12]

图16.5：SoupCycle
波特兰的SoupCycle公司已经用自行车送了50000多次新鲜的汤了，骑行里程超过20000英里，少排放了20000多磅二氧化碳。图片由SoupCycle公司提供。

废弃物管理

　　虽然在生产过程中减少或消除石油的使用可以不考虑废弃物管理的问题，但是本书介绍的大部分后石油时代的公司还是很小心地管理它们的废弃物。本章前面提到了它们采用的20种天然材料，它们都是可生物降解的和无毒的。但是，一旦加入有毒添加剂——石化塑料制品中经常有它们，事情就会变得更复杂。染料、稳定剂、改性剂和其他添加剂可能会让环保材料变得危险，因为掩埋在垃圾填埋场里会向环境渗出有毒物质。纺织原料如棉的种植所使用的杀虫剂也会带来同样的危害。虽然准确的数据尚无统计，但本书介绍的这些公司似乎都避免使用有毒添加剂，并大量使用获得认证的有机原材料。

Gone Studio是如何成为一家没有废弃物的公司的?

当我在2010年创办Gone Studio的时候，我就下决心要让我们所有的产品都不含塑料。在我设计我们的第一件产品——iPad的环保保护套时，我努力做到更好。我制订了一个不用塑料的包装和运输计划，并让我的工作室也成为一个没有塑料的地方。但是，我还没有想过废弃物管理的问题。有一天，当我正在工作室打扫卫生的时候，我发现居然没有垃圾桶。其实也不需要有——我已经工作了几个月了，没有产生一点垃圾。直到今天，Gone Studio都是一家没有废弃物的公司。我再利用或者循环利用一切物品。

本书介绍的大部分产品是用可生物降解的材料制成的，因此在它们的使用寿命结束后，不需要为它们的循环利用操心。例如，第15章介绍的Ethletic公司生产的运动鞋就是用有机棉和天然橡胶制作的，因此除了被填埋时要占据一点空间外，它们不会带来任何害处。但是，根据美国环保署的说法，由于缺少光照、氧气和微生物，对可生物降解的天然材料进行填埋实际上会使它们的降解延迟。我们在下一章将看到，被填埋的生物塑料也将会存在很长一段时间。例如，生物塑料生产商奈琪沃克指出，用其生产的可堆肥玉米基聚乳酸（PLA）制作而成的容器在垃圾填埋场里待的时间和用传统塑料制成的容器一样长。不过，把可生物降解的天然材料和植物基生物塑料存放在垃圾填埋场，总好过把可能含有毒物质的石化塑料放在那里。[13]

但是，填埋不是处理后石油时代产品的唯一选择。一些产品如Gone Studio制作的iPad保护套是可堆肥的。还有一些产品是用可回收利用的材料如不能生物降解的生物塑料、金属、纸张或玻璃制成的。最好的解决方案，就像许多后石油时代的设计师所做的那样，是生产能够长期使用的产品，这样它们就不会被轻易丢弃。

注 释

1 "Octave P." www.octaveperrault.com/

2 European Bioplastics, "Frequently Asked Questions on Bioplastics," July 15, 2013, http://en.european-bioplastics.org/multimedia/faq-2/

3   Block, Ben, "Can 'Sustainable' Palm Oil Slow Deforestation?" Worldwatch Institute, www.worldwatch.org/node/6082

4   Grover, Sami, "Lotus Wind-Powered Car Factory Approved," July 30, 2008, www.treehugger.com/cars/lotus-wind-powered-car-factory-approved.html; "BMW Factory to Use 100% On-Site Wind," *Environmental Leader*, August 22, 2011, www.environmentalleader.com/2011/08/22/bmw-factory-to-use-100-on-site-wind/

5   Karhof, Merel, "Windworks", www.merelkarhof.nl/merel_karhof_-_product_design/Windworks.html; Karhof, Merel, "Wind Knitting Factory," www.merelkarhof.nl/merel_karhof_-_product_design/wind_knitting_factory.html

6   Kirk, Bill, "'Largest Solar Powered Ballet Shoe Factory' Now in Lawrence," *Eagle-Tribune* (Massachusetts), June 25, 2012, www.eagletribune.com/news/local_news/largest-solar-powered-ballet-shoe-factory-now-in-lawrence/article_57bb4604-092b-5653-bd2b-298ab3c0c956.html?mode=jqm

7   "Environmental Responsibility," Apple, www.apple.com/environment/renewable-energy/

8   Pohlman, Dustin, Smith, Jeremy, and Kissock, Kelly, "Net-Zero Carbon Manufacturing at Net-Zero Cost," Proceedings of the American Solar Energy Society, 2012, Sea Island, Georgia, http://academic.udayton.edu/kissock/http/Publications/2012_ASES_NetZeroCarbonManufacturing.pdf; "Green Building Performance: A Post Occupancy Evaluation of 22 GSA Buildings," White Paper, GSA Public Buildings Service, August 2011, www.gsa.gov/graphics/pbs/Green_Building_Performance.pdf

9   O'Connor, Mary Catherine, "Coca-Cola Launches First Electric Refrigerated Truck Fleet," GreenBiz, September 19, 2013, www.greenbiz.com/blog/2013/09/19/coca-cola-launch-first-electric-refrigerated-truck-fleet

10 "FedEx Express Launches Zero-Emission All-Electric Vehicle Fleet in Hong Kong," FedEx Newsroom, March 16, 2013, http://news.van.fedex.com/fedex-express-launches-zero-emission-all-electric-vehicle-fleet-hong-kong

11 Walsh, Chad, "Pedal Power: Portland's Bike Delivery Services," *Neighborhood Notes*, January 14, 2010, Portland, Oregon, www.neighborhoodnotes.com/news/2010/01/pedal_power_portlands_bike_delivery_services/

12 "Think Bicycles Are Just for Fun? Think Again, Says SoupCycle," Press Release, January 19, 2012, www.prweb.com/releases/2012/1/prweb9116488.htm

13 U.S. Environmental Protection Agency, "The Degradables Debate," www.epa.gov/osw/wycd/catbook/debate.htm; Lilienfeld, Robert, ed., "Review of Life Cycle Data Relating to Disposable, Compostable, Biodegradable, and Reusable Grocery Bags," The ULS Report, March 28, 2008, www.use-less-stuff.com/Paper-and-Plastic-Grocery-Bag-LCA-Summary-3-28-08.pdf

第 17 章

废旧塑料的新生

工业循环利用

虽然今天只有极小比例的塑料会被回收利用并制成新的商品，但是工业的发展趋势是让塑料继续存在，通过将它制成各种各样的产品赋予它新的生命。每天都有用再生塑料制成的新产品进入市场，但因为它们是用塑料做的，所以我在这里不作详细介绍。但是，我们都知道塑料是极难降解的，因此，思考如何处理已经生产的50亿吨塑料制品就显得尤为重要。能否把它们全部回收并制成新的产品？已经在垃圾填埋场里的是应该让它们安安稳稳地待着，还是把它们开采出来并制成新的材料和产品？循环利用的新技术包括垃圾填埋场开采回用、通过高温焚烧将塑料转化为燃料的转废为能项目、工业循环利用和生物降解——一种垃圾减量方法，即利用微生物对污染物进行分解。

工业塑料循环利用是指工厂在将"原生"塑料制成产品的过程中，会产生一些废塑料，将这些废料磨碎，并对其进行再加工，制成更"原生"的塑料。"任何工厂在生产中都会产生废弃材料，包括塑料，它们是生产过程的一部分而不是成品的一部分。"回收商Blackrock Plastics在其公司网站上这样写道。"公司可以选择丢掉这些废弃塑料，让它们进入垃圾填埋场，或者把它们卖给回收公司。"

"人们对绿色产品和环境友好型公司越来越关注，这为塑料回收带来了很大的商机"，该公司解释道。"回收利用不仅减少了进入垃圾填埋场的废料数量，而且减少了二氧化碳排放和石油消耗。"再生塑料生产消耗的能源也比原生塑料要少。例如，回收利用1吨高密度聚乙烯（HDPE），可以节省7吨石油。[1]

用由100%再生塑料制成的构件修建桥梁

被送到回收站的塑料现在正越来越多地被创新人士和企业家截留，用于创造出新的产品。例如，总部位于美国新泽西州的Axion 国际控股公司就从市政回收站购买废旧塑料，将其再加工成耐用的建筑构件。该公司的Struxure复合建筑产品比用再生塑料制成的木塑复合材料"塑料木材"要坚固得多，后者常用在甲板和其他轻型建筑中。事实上，Axion甚至利用它们强度大的特性在北卡罗来纳州的布拉格堡修了一座桥，能够允许重达88吨的车辆通过，如M1坦克。这种用专用的可回收材料制成的新型塑料构件不仅非常牢固，也很耐久：不会腐烂、生锈，且不会受到腐蚀。

用它来建造也很迅速。该公司仅用了4天，就在苏格兰的特威德河上安装了一座长90英尺的桥。"因为我们的材料强度大，重量轻"，Axion的董事长兼CEO史蒂夫·西尔弗曼说，"我们能够以低成本把整个桥跨运到苏格兰，然后仅用两周就完成施工。安装一座90英尺长的桥只需要4天时间，是不是很不可思议？这主要归功于我们独特的复合材料，因为它大大降低了建造的复杂性和成本，同时也很环保。"Easter Dawyck桥能承受45吨的重量，它还是欧洲第一座用由100%再生塑料制成的构件建造而成的公路桥。[2]

图17.1：Axion公司用其Struxure复合建筑产品在布拉格堡修建了一座桥
总部位于美国新泽西州的Axion国际控股公司将从市政回收中心购得的废旧塑料进行再加工，制成耐用构件，用于建筑，如这座位于北卡罗来纳州布拉格堡的桥梁，其强度之大令其足以承载一台88吨重的M1坦克。图片由Axion国际控股公司提供。

用塑料向石油提出抗议

　　1999年12月11日，法国政府收到了马耳他油轮"埃里卡"号发出的警报。因为风大浪高，这艘载有30000多吨石油的船只结构受损。船长随后又报告说情况已得到了控制，他正在往附近的东热港驶去。但是清晨6点11分，被20英尺高的大浪和风速超过每小时50英里的大风包围的"埃里卡"号突然断成了两截。就在法国和英国紧急出动直升机营救遇险船员时，有人报告说在比斯开湾上漂浮着长达近10英里的油污，且浮油面积还在扩大。在接下来的几天里，"埃里卡"号逐渐沉没，约20000吨石油泄漏，

图17.2：装置作品"埃里卡"
RAUM：这家法国建筑设计公司用数百个塑料牡蛎养殖笼制作了这件海边装置作品——"埃里卡"。与这件作品同名的油轮在附近断裂沉没，近20000吨石油泄漏，牡蛎捕捞成为受这次事件打击最大的行业之一。图片由RAUM提供。

这是法国历史上最严重的一起漏油事件。

2007年，沿着比斯开湾的海滩行走，你仍然有可能看到这次事件造成的影响。你还会看见一座奇怪的纪念碑，不是为了纪念遇难的人（所幸全体船员都获救了），而是为了让人们记住在这次事件中死去的野生生物和其他严重后果。这座建筑恰巧也叫"埃里卡"，它实际上是由RAUM建筑事务所设计和建造的一件临时装置，作为河口当代艺术双年展的参展作品。"埃里卡"是用上百个塑料牡蛎养殖笼制成的，把这个遭受漏油事件打击最大的行业之一的常用物品变得不同寻常。有些讽刺但又在情理之中的是，双年展是由对这次事件负责的法国石油公司——道达尔赞助的。我曾经问过RAUM的首席建筑师本杰明·博尔，是什么促使这家公司决定用塑料牡蛎养殖笼来建造一座建筑。

> 我们想到用塑料牡蛎养殖袋，是因为我们知道牡蛎养殖户很难回收利用这一材料。大多数时候，塑料牡蛎养殖袋被就地焚烧。我们还知道牡蛎养殖户会受到不同漏油事件的影响，特别是"埃里卡"号这一次。因此，我们决定打造一座纪念碑，聚焦所有这些问题，并寻找一种方法来集中回收利用塑料牡蛎养殖袋，且不让牡蛎养殖户支付额外的费用。展期结束后，回收利用的费用将由展览举办方也就是道达尔公司支付。[3]

消费后塑料回收利用

虽然工业或消费前塑料的回收利用持续增加，但一些公司正在将目光投向分类回收桶，大量利用消费后的塑料制作新的产品。废弃物管理公司就是其中的佼佼者，它与一家领先的生物基糖中间体生产商任马提科斯（Renmatix）合作，探索将垃圾转变为各式各样的生物基产品，包括香水。任马提科斯目前正在用农村的生物质如农业废弃物制糖，用于生产生物基材料。但根据一份新的协议，废弃物管理公司将向他们提供城市垃圾，包括丢弃食物、建筑垃圾、纸张和其他可回收物。废弃物管理公司运来的城市垃圾可以单独使用，也可以与其他原料混合，制成香水、涂料、纺织品、包装、塑料制品等产品。"这一合作让我们有机会开发利用城市社区的消费后生物质，作为制纤维素糖的原料"，任马提科斯公司的CEO迈克·汉密尔顿表示。"同时我们为循环利用废弃物开辟了一条新的途径。"[4]

用耐克粉末铺设跑道

"耐克粉末"不是新款运动鞋,而是用运动鞋做的。通过该公司的"旧鞋回收"计划,世界各地的耐克门店对穿旧的橡胶底帆布面运动鞋(可以是任何品牌)进行回收。该公司复杂的循环利用设施对鞋子进行拆解,分离出三部分,即鞋子外底的橡胶、鞋底夹层的泡沫和鞋面的织物,将各个部分磨碎并制成颗粒大小的碎片。这些碎片被用来铺设跑道,制成健身房的地砖和铺设操场。它还与家得宝合作,研发出了StepAhead地毯。用耐克粉末铺设一座标准足球场可以使多达75000双鞋得到循环利用,而不是被填埋。自1990年以来,耐克已经磨碎了超过2800万双鞋,让它们在全世界近50万个地方派上了新的用场。[5]

回收利用废旧塑料已经发展成为一项国际运动。例如,美国就把它一半的废旧塑料运到了中国。但是,现在有越来越多的国家,包括中国和墨西哥,将不再允许进口任何废旧塑料,除非它们达到严格的清洁标准。达到这些标准可能会让回收的成本大幅提高。虽然在今天,他国出台的更严格的废旧塑料进口法规会使出口国面临一些困难,但从长期来看,则意味着可以少向发展中国家倾倒有毒废弃物,并在本国进行更清洁的回收。

中国的"绿篱行动"能否促进全球塑料回收革新?

美国向中国出口最多的不是汽车或电子产品,而是垃圾。事实上,美国人丢弃的塑料中,有一半被运到了那里。但这并不意味着满载垃圾的驳船是中国港口一道不受欢迎的风景:仅2011年一年,通过接收美国的垃圾,这个国家赚了5亿多美元。但是,2013年,超过50船货物停止了运送,因为中国拒收7600多吨可回收物。政策突然出现转变是因为中国开展了"绿篱行动",对进口废弃物做出了严格的清洁规定。这项规定的惩罚可不轻,有消息称,违反"绿篱"的规定甚至可能被判处死刑。

据《塑料新闻》报道,"绿篱"导致废旧塑料进口量显著减少,一些回收商也因此关门歇业,至少是暂时。这项政策对一些[美国]的市政当局来说是个坏消息,它们不知如何处理收集到的一些低档塑料,因为再也不能把它们运到中国去"。一家回收站过去经常把其2/3的废旧塑料运往中国,其负责人表示,"绿篱"行动开展以后,预计出口将减少至1/3以下。"我们对这个行动举双手赞成",奈克工业集团海外事业部的外销部经理Saureen·奈克说。"我们将'绿篱'看成拓展本国业务的良机,可以为我们的出口材料创造新的市场,并创造新的就业机会。总的来说,我们认为这是一次机遇,而不是威胁。"该公司计划未来3年在美国投资约3000万美元研发回收技术。"我们过去一直把我们的许多低档材料倾倒给中国",奈克补充道。"我认为这项政策的确可以让我们对以往的做法、造成的影响和碳足迹加以检讨。它让我们有机会采取更多的措施和开发新的技术,就在美国国内对我们自己的废弃物进行回收利用。"[6]

转废为能

1磅塑料所含的能量是1磅煤炭的2倍。因为塑料含有如此多的能量,转废为能就成为未来一个重要的发展方向。在美国,每天有近100000吨塑料被投到能量回收设施中进行焚烧。通过高温焚烧将塑料转化为燃料的转废为能项目,可以为某些很难回收利用的塑料制品 如薄膜创造一个市场。它们甚至还可以为目前以煤或天然气为燃料的发电厂提供一种替代燃料。但是,转废为能会带来一些环境问题(在前面的章节讨论过),并且一些专家担心它们甚至会妨碍资源回收行业的发展。"需要搞清楚的是,转废为能不能成为放弃资源回收的理由",塑料回收商 "批量处理系统"(Bulk Handling Systems)的CEO史蒂夫·米勒在接受《废弃物和回收新闻》采访时表示。"人们可能会说,'噢,我们不需要那样做了。烧掉多省事呀。'我们有办法让它们和平共处并发挥各自的最佳效能,但需要周密设计和实施。"

废旧塑料还可以被转化为燃油,就像Petrogas公司在荷兰建造的新工厂所做的那样。"我们不仅找到了解决塑料垃圾数量日益增多这一问题的方法,而且以一种非常环保的方式生产燃油",Petrogas公司的销售总监埃德温·胡格沃夫说。他的设想是这些工厂能为当地社区创收。"对于当地社区来说,这是非常有利可图的,因为生产成本约为每升27分,而售价可以达到每升70分,利润是很可观的。我们用1公斤废旧塑料,可以制得1升柴油,而且只产生3%的废弃物,这些废弃物被我们卖给水泥行业,作为生产沥青的原料。我们的计划是每家工厂每年转化约22500吨塑料。"虽然将塑料转化为燃油的效率正在提高,并且要对垃圾填埋场里的数百万吨塑料进行处理,但是用石油生产塑料,然后再把塑料制成燃油,这真的是不可再生的化石燃料最有效的利用方式吗?[8]

生物降解——利用细菌或者其他生物方法分解塑料——是另一种转化废旧塑

料的方法。细菌不只吃塑料，还把它们分解成更小的碎片并排出——它们可以把塑料转化为危害较小的生物塑料。这是爱尔兰国立都柏林大学的研究人员在给假单胞菌喂食PET塑料时的发现。通过吃塑料，细菌可以把它分解为对苯二甲酸、油和气体。假单胞菌吃了对苯二甲酸之后，会分泌聚羟基脂肪酸酯（PHA），这是很多细菌在发酵过程中合成的一种天然聚合物。PHA可以像其他聚合物那样被用于生产塑料。

吃塑料的真菌

　　来自耶鲁大学的一群学生在亚马孙雨林中进行科学探险的时候，发现了一种能够消化塑料的真菌。小孢拟盘多毛孢喜欢以聚氨酯为食并在其上大量繁殖，聚氨酯是用

图17.3：耶鲁大学学生在丛林中考察
耶鲁大学的学生，包括乔恩·拉塞尔（见上图），在学校组织的一次亚马孙雨林科考探险活动中发现了一种能生物降解聚氨酯的真菌。图片由耶鲁大学提供。

于生产泡沫橡胶的聚合物。耶鲁大学的学生在中美洲的雨林里调查并收集真菌已经有7年多了，其中一名学生决定对他们带回来的真菌吃塑料的能力进行测试。普里亚·阿南德发现，当把某些真菌放到塑料上，会发生化学反应。还有的学生做实验来确定哪种真菌最擅长吃塑料，以及哪种塑料最"可口"。"虽然其他物质也可以降解聚酯"，这所大学在一份新闻稿中写道，"但是耶鲁的学生鉴定出的一种酶被认为有极大的可能，因为它在无氧条件下也能降解塑料——有氧是被掩埋的垃圾进行生物降解的先决条件"。这一发现让小孢拟盘多毛孢成为大规模生物降解的主要候选真菌。全世界每年要生产1200多吨聚氨酯，这些贪吃的真菌可以大快朵颐了。

加拿大高中生丹尼尔·伯德没有去亚马孙雨林探险，但他在他家厨房碗柜里也发现了吃塑料的微生物。伯德用的是常见的发面酵母，他将其放在塑料袋上进行测试，并从中挑选出分解最具成效的品种。在他带着他的研究成果参加在渥太华举行的全国科学展前，他挑选出的假单胞菌和鞘氨醇单胞菌只用六个星期就将一个袋子的大部分分解成了水和二氧化碳。不令人意外的是，丹尼尔也因此赢得了科学展的最高奖金。[9]

垃圾填埋场开采回用

回收塑料并将其加工成燃料或者新产品，可以确保它们不被运至垃圾填埋场；但是，已经待在那里的50亿吨塑料垃圾怎么办？我们能否对这一丰富的储量进行开采，而不用每年消耗数十亿桶原油来生产新的燃料和塑料？实际上，已经有人在这么做了。多年来，美国包装生产商RockTenn每天都产生数千吨废弃塑料，并把它们存储在公司专用的塑料填埋场里。该公司最近与国内的一家替代油气生产公司JBI签订了一份协议，将采用JBI公司的"塑料制油"技术将废弃塑料转化为新的燃料。根据协议，JBI公司将在RockTenn的工厂里布置组装式的"即插即用"处理器，把废弃塑料转化为燃料。JBI公司的创始人兼CEO约翰•Bordynuik认为这次合作"建立了可行的工业化生产流程，既能解决日益严峻的废弃物堆积问题，又能对抗不断上涨的能源成本"。[10]

但是，RockTenn公司的垃圾填埋场里只存放塑料。而在常规的垃圾填埋场开采塑料是一道更复杂的难题，因为它们与其他材料混杂在一起。虽然我们知道被掩埋的塑料不会在短时间内降解，但垃圾填埋场开采回用可能比我们预想的更快到来。"到2020年"，废弃物管理专家彼得•琼斯说，"世界总人口可能达到90亿，数量庞大的中产阶级使得道路上增加数百万辆小汽车，我们生活的这个世界的资源变得极度紧缺，油价不断攀升，而天然气储量有限的利比亚、俄罗斯和沙特[阿拉伯]等国的供应紧张。正是这些驱动因素，这些状况，让垃圾填埋场开采回用有了可能。”[11]

需求增加，产量下降，以及由此带来的价格高企毫无疑问会使大规模垃圾开采回用加速实施。其他新技术，如转废为能、工业循环利用和生物降解，也用积极的替代方案为塑料创造了新的生命周期。但是，这些替代方案会产生什么样的环境影响和不可预知的后果？在后石油时代，它们既会带来新的挑战，又会带来新的希望。

升级再造

在把塑料制品运往垃圾填埋场之前，我们其实可以为它们找到富有创意的新用途。工厂每年生产数十亿件塑料制品，而对于其中许多通常使用期很短的产品，后石油时代的设计师正在为它们寻找独创性的应用。升级再造赋予废弃产品新的生命，将它们改造成任何物品，从珠宝到灯具，不一而足。

瓶子灯是用回收的废旧塑料制成的太阳能灯泡。麻省理工学院D实验室的艾米•史密斯首先想出了这个灯泡的创意，只需在一个用过的普通塑料瓶里装满水，再滴入少许含氯漂白剂。然后将瓶颈嵌入住宅屋顶上一个预先钻好的小孔里。一个瓶子灯所发出的灯光亮度相当于一颗55瓦的灯泡，为无力负担电费的家庭提供了光亮。甚至通上了电的家庭也使用瓶子灯，每月能省下6美元电费，伊拉西•迪亚兹说。他创办的总部位于菲律宾的“我的住房基金会”，以1美元一个的价格出售灯泡，还包括安装。成立的第一年，基金会就为15000户家庭安装了灯泡，其目标是到2015年，安装灯泡的家庭数量达到100万户。[12]

如果你用的罐子比瓶子多，也别沮丧；那些通常堆积在垃圾填埋场和水道里的六罐塑料环也正在得到创造性的利用，这多亏了后石油时代的设计师。Relevé 设计公司的设计师Bao-Khang Luu的工作就是把这些普通的物件升级再造，做成独特的家居饰品，如蒜头吊灯。这盏灯的灯罩，就像Relevé制作的一系列其他形态各异的作品一样，全部是用回收的六罐塑料环制成的。“我们采用一种历时一年半时间开发的技术，即用手工把六罐塑料环编织成一缕一缕的，并挂到金属灯环上”，Luu解释道。“这使得我们不需要用新材料或者黏合剂将六罐塑料环连在一起”，他补充道，“每盏灯的使用寿命结束后，可以很方便地拆卸，进行升级再造或回收利用”。[13]

　　经过一位富有创新精神的设计师的打造，甚至连不起眼的塑料电话卡都可以变得高端时尚起来。巴西设计师马娜·贝纳德斯用塑料卡、塑料瓶、牙签、发夹等原本会被丢弃的日常用品创造出了产品和艺术品。她的作品Colar Espacial Telefônico就揭示了对数十亿件"废弃"塑料进行创新再造的可能性。贝纳德斯正在向其他人传授她的经验，她与里约热内卢博物馆、欧洲设计学院等组织合作，宣传创新和环保的升级再造。[14]

图17.4：蒜头吊灯
Bao-Khang Luu的公司——Relevé 设计公司"通过将升级再造与艺术设计相结合，把常见的废弃材料变成了新的有用的灯具、家居饰品和家具"。图片由Bao-Khang Luu提供。

图17.5：马娜·贝纳德斯设计的Colar Espacial Telefônico
巴西设计师马娜·贝纳德斯用塑料卡、塑料瓶、牙签、发夹等原本会被丢弃的日常用品创造出了产品和艺术品，比如她设计的Colar Espacial Telefônico。图片由马娜·贝纳德斯提供；摄影：莫罗·库里。

注　释

1　"The Importance of Post Industrial Plastic Recycling," Blackrock Plastics LLC, March 19, 2013, www.black-rockplastics.com/the-importance-of-post-industrial-plastic-recycling/

2　"First Recycled Plastic Bridge," Axion International, www.axionintl.com/PDFs/PRODUCT/BRIDGES/Peeblesshire_BRIDGE_FOR%20DISTRIBUTION_2012.pdf; Bragonier, Emily, "Recycled Plastics Enter Structural Applications," *Environmental Building News*, Volume 19, Number 3, March 2010, www.building-green.com/auth/article.cfm/2010/3/1/Recycled-Plastics-Enter-Structural-Applications/

3　Author interview; Centre of Documentation, Research and Experimentation on Accidental Water Pollution, *"Erika"*, www.cedre.fr/en/spill/erika/erika.php

4　"Companies Embark on Program to Explore Viability of MSW as Inputs for Plantrose Process," Press Release, August 23, 2012, http://renmatix.com/waste-management-and-renmatix-announce-agreement-to-explore-conversion-of-urban-waste-to-low-cost-cellulosic-sugar/

5　"Nike Reuse-A-Shoe," Nike, www.nike.com/us/en_us/c/better-world/reuse-a-shoe

6　"US-based Recyclers May Gain from China's 'Green Fence,'" *PlasticsNews*, July 12, 2013, www.plasticsnews.com/article/20130712/NEWS/130719975/us-based-recyclers-may-gain-from-chinas-green-fence#

7　Kavanaugh, Catherine, "Weighing the Next 40 Years of Recycling," *PlasticsNews*, September 4, 2013, www.plasticsnews.com/article/20130904/NEWS/130909985/weighing-the-next-40-years-of-recycling

8　"Big Order for Petrogas in Renewable Energy Market," Press Release, September 12, 2013, www.petrogas.nl/Press_Release_-_English-Final.pdf

9　"Yale Students' Trip to Rainforest Yields New Way to Degrade Plastic," *YaleNews*, August 1, 2011, http://news.yale.edu/2011/08/01/yale-students-trip-rainforest-yields-new-way-degrade-plastic; Russell, Jonathan, Huang, Jeffrey, Anand, Pria, Kucera, Kaury, Sandoval, Amanda G., Dantzler, Kathleen W., et al., "Biodegradation of Polyester Polyurethane by Endophytic Fungi," *Applied and Environmental Biology*, Volume 77, Number 17, September 2011, 6076–6084, http://aem.asm.org/content/77/17/6076.full; Burkhart, Karl, "Boy Discovers Microbe that Eats Plastic," Mother Nature Network, July 12, 2009, www.mnn.com/green-tech/research-innovations/blogs/boy-discovers-microbe-that-eats-plastic#

10　Loveday, Eric, "JBI Will 'Mine Plastic' from RockTenn Landfills to Convert to Oil," AutoBlogGreen, August 14, 2011, http://green.autoblog.com/2011/08/14/jbi-mine-plastic-rocktenn-landfill-convert-oil/

11　Kelland, Kate, "Could $100 Oil Turn Dumps into Plastic Mines?" August 26, 2008, www.reuters.com/article/2008/08/26/us-waste-landfill-idUSLJ40413520080826

12　http://aliteroflight.org/

13　"Relevé Design," www.relevedesign.com/press-resources/

14　http://english.manabernardes.com/

第 18 章

生物塑料

接受和抵制

在后石油时代，塑料制品将主要由植物而不是化石燃料制成。这些生物塑料使用植物作为它们的原料，而不是用于生产普通塑料的化石燃料。今天最常见的生物塑料是PLA（聚乳酸），这是一种由植物糖制成的生物基聚合物，用于生产透明塑料水瓶、杯子和泡壳。与石油基塑料相比，生物塑料有一些优势：它们生物降解的速度要快得多，含有较少的有毒物质，并且碳足迹也较小。例如，PLA的生产消耗的化石燃料比石油基塑料少30% ~ 50%，产生的二氧化碳也要少50% ~ 70%。[1]

生物塑料不是什么新鲜事物。"用生物基聚合物生产食品、家具和服装已经有几千年的历史"，荷兰乌得勒支大学发布的一份研究报告的作者解释道。"最早的人造热塑性聚合物'赛璐珞'是在19世纪60年代发明的。自那以后，人们又用可再生资源制成了许多新的化合物。但是，20世纪三四十年代与生物聚合物有关的许多发明仍然停留在实验室阶段，从未被用于商业化量产。主要原因是发现了原油，自20世纪50年代以来，它被大规模用于生产合成聚合物。"

用石油制得的合成聚合物将生物基聚合物几乎推到了绝迹的边缘，今天，生物塑料在全球塑料市场中所占的份额还不到1%的1/3。不过，由于优点很多，生物塑料仍然拥有光明的前景。它们是全世界增长最快的市场之一，每年的增速接近40%。根据乌得勒支大学的报告，"从技术角度来讲，目前全球消耗的聚合物的90%可以从以石油和天然气为原料转向使用可再生原料"。但是，他们也警告，"从短期和中期来看，这一替代技术尚不具备开发潜力。主要原因在于，存在经济障碍（尤其是生产成本高和资金来源问题），扩大生产规模面临技术挑战，生物基原料短期内难以获得，并且塑料转化部门需要适应新的塑料。"[2]

另一份研究报告也发现了类似的挑战，这份报告是由马萨诸塞大学洛厄尔分校的一些科学家撰写的，他们在研究目前的生物塑料的可持续性。这些作者总结道，"目前用于商业用途或者正在开发的生物基塑料都不是完全可持续的。我们研

图18.1：英吉尔生物聚合物颗粒
奈琪沃克公司的英吉尔植物基生物聚合物颗粒被用于生产纺织品、食品包装、服装等。图片由奈琪沃克公司提供。

究的每一种生物基塑料都使用转基因生物作为生产原料，在生产过程中都要用到或者产生有毒化学物质，或者都使用了由不可再生资源制成的共聚物"。[3]

他们提到的最后一项，即一些生物塑料使用了"由不可再生资源制成的共聚物"，指的是以石油或天然气为原料生产的聚合物，它们通常与生物基聚合物和添加剂相混合，制成许多产品。事实上，在销售时使用"生物塑料"这一术语的大部分产品其实是植物基和石油基原料的混合物。例如，可口可乐公司目前使用的植物环保瓶只有30%的植物基原料——其余的是石油化学产品。但是，公司用词很谨慎，它不说植物环保瓶是用生物塑料制成的，而是"采用部分植物基原料制成"。该公司目前在丹麦使用的植物环保瓶只有15%的植物基原料，丹麦消费投诉专员亨里克•Saugmandsgaard Øe要求公司修改其宣传材料，他说15%的植物基成分很难配得上植物环保瓶的名头。[4]

Øe的意见突显了今天的生物塑料行业面临的两难问题：一种塑料究竟要使用多少植物基原料才能叫生物塑料？世界各地的规定各不相同。以日本为例，行业致力于做到以生物塑料为卖点的产品和包装中至少含有25%的可再生成分。另一方面，美国农业部的"生物基产品优先采购计划"涉及的生物基产品中，使用的可再生原料少则7%，多则95%。这一差异使得消费者很难知道他们购买的生物塑料制品中到底有多少石油。

但是，不管准确的比例是多少，随着石油供应量的下降，更多的塑料将由植物制成。虽然用100%生物原料制成的塑料还不多见，但是行业正在朝这个方向努力。一个方法是在石油基塑料中加入一些生物基添加剂、改性剂或"drop-in"生物塑料。"drop-in生物塑料"，用欧洲生物塑料协会的话说，"是不能生物降解的生物基或部分生物基材料，如（部分）生物基聚乙烯（PE）、聚丙烯（PP）或者聚对苯二甲酸乙二醇酯（PET）"。可口可乐公司的植物环保瓶是用生物基PET制成的，而丰田公司将这一材料应用到其汽车内饰中。福特公司则将二者结合，在与可口可乐公司开展的一项试验性合作项目中，用回收的植物环保瓶来生产内饰织物。提供食品加工和包装解决方案的跨国公司利乐生产的纸盒的涂层和盖子是由蔗糖制成的，而陶氏化学公司正在用生物基聚丙烯做试验。从短期和中期来看，drop-in生物塑料有望扮演一个重要角色，因为它们不能生物降解的特性使得它们更能与石油基塑料相混合。[5]

图18.2：利乐公司生产的生物基PE纸盒
包装生产商利乐现在使用由蔗糖制成的塑料，目前在巴西生产的130亿件利乐包装，全都使用了多达82%的可再生原料。图片由利乐公司提供。

不是所有生物塑料都能生物降解吗？

不是所有生物塑料都能生物降解，这似乎让人感到意外：能快速生物降解难道不是生物塑料的主要优点之一吗？但是，可生物降解的材料和不能生物降解的材料的混合并不总能收到很好的效果。最坏的情况是，出来的成品要么因为其含有可生物降解成分而不能回收利用，要么因为含有石油化学产品而不能作堆肥处理。与100%生物塑料相比，将不能生物降解的drop-in生物塑料添加到传统塑料中可能不是很理想，但这种做法更适用于不能回收或堆肥的塑料。

塑料行业似乎迫切希望采用生物基PET这一drop-in生物塑料和添加剂。专家预测，"不能生物降解的生物聚合物在未来几年将得到最快的增长"，到2017年，生物基PET的产能有望占到生物塑料总产能的4/5。从短期来看，这些不能生物降解的生物聚合物就是未来的生物塑料，不过随着石油供应量的下降，由100%生物塑料制成的产品的数量将会增加。虽然一些100%生物塑料可以作堆肥处理，或者被运到垃圾填埋场并在那里分解成危害较小的颗粒，但事情并不总是像人们设想的那样发展。

生物塑料不容易回收利用

假设你住在纽约，你的家庭或公司正计划去野炊，你想要做到非常环保，并且只使用100%可生物降解的塑料盘和餐具。根据纽约市卫生局的说法，"如果你想要为一项活动或者你的学校或公共机构开办的自助餐厅购置用生物塑料制成的托盘、杯子、餐具等产品，提请注意的是，纽约市卫生局将不能收集它们用于回收利用或者堆肥"。

"生物塑料"，卫生局方面解释道，"看起来几乎和传统PET塑料一模一样，并且几乎不可能对它们进行分辨并把它们分开。如果它们仍然混杂在一起，生物塑料就会污染现有的回收材料，因为它们在回收利用过程中与普通塑料不相容"。

卫生局对堆肥处理也不抱太大希望。"大部分可堆肥塑料"，他们解释道，"需要在高温条件下才能成功分解，这只有商业或工业堆肥设施做得到。美国现在仅有113～200台工业级堆肥设施。把可堆肥的塑料运到这些设施所在地可能要花很长时间，因为它们离得很远，这就涉及物流成本的问题。如果你想在自家堆肥桶里对生物塑料制品作堆肥处理，那你就要保证你选择的生物塑料制品在自己家里的堆肥条件下能够分解。绝大多数是办不到的。"

既然回收和堆肥的希望很渺茫，那么在纽约市，对生物塑料垃圾进行合理利用的办法只有一个。"你只能与一家私人公司商定，由其收集它们并把它们运到一台设施那里，利用工业高温条件将它们变为肥料，否则它们肯定会被当作垃圾扔掉。"卫生局还提醒，一旦你丢弃的生物塑料被运到垃圾填埋场，由于缺少分解所需的微生物、阳光和氧气，它们的表现和传统塑料没什么两样。[6]

由此可见，后院堆肥和填埋都不能使生物塑料完全生物降解。伍兹恩德实验室对5种材质的生物塑料袋在家庭堆肥中的分解情况进行测试，他们发现，它们都不能完全降解。只有一种，即用玉米淀粉、植物油衍生物和可生物降解的合成聚酯制成的Mater-bi（生物塑料商品名，意大利诺瓦蒙特公司生产——译者注）袋子，被认为在25周之后可以用作肥料。在后院堆肥并不能提供一个分解生物塑料的环境，因为没有充足的自然微生物、氧气和阳光。一般的垃圾填埋场也是如此。根据美国环保署的说法，填埋可生物降解的天然材料如食品和草坪修剪废弃物实际上使它们的降解推迟了，因为缺少阳光、氧气和微生物。生物塑料生产商奈琪沃克指出，用其生产的可堆肥玉米基聚乳酸（PLA）制成的容器在垃圾填埋场里会一直和用传统塑料制成的容器作伴。[7]

普利茅斯大学的海洋生物学家理查德·汤普森发现，商家宣称可以生物降解的塑料购物袋在海洋环境中也难以降解。他的研究小组做了一个简单的试验，他们选择了一些袋子并把它们绑在英格兰西南部的普利茅斯港的系船柱上。"一年后，你仍然可以用它们来装杂货"，汤普森说。他在分析它们的化学成分时，发现大部分是纤维素淀粉和石化聚合物的混合物。当淀粉逐渐降解，残余的物质比成堆的塑料更可怕：成千上万的透明且几乎不可见的塑料微粒。[8]

由于对100%植物基塑料进行堆肥和填埋面临这些问题，许多生物塑料制品，如Mater-bi袋子，含有可生物降解的合成聚酯。可能让人惊讶的是，生物塑料居然会含有石油化学产品，但是只要它们被证明用很短时间就能完全分解，石化塑料也可以叫生物塑料。美国联邦法规对哪些产品可以被称作可生物降解的设定了标准。它规定，商家必须提供"充分和可靠的科学证据，证明整件商品在按照惯例进行处理之后，能够在较短时间内完全分解并回归大自然（即分解成存在于自然界中的元素）"。根据这一定义，即使产品分解为"天然的"有毒物质，如许多塑料中含有的铅和镉，它们也可以被贴上"可生物降解"的标签。[9]

这让已经对生物塑料不能回收利用和堆肥这一事实而感到困惑的人们更加糊涂了。难道石化塑料降解产生的微小塑料颗粒对环境的影响比躺在垃圾填埋场里的完整的塑料制品还要大吗？答案是肯定的。"一种新的可生物降解的塑料事实上可能代表着发展的倒退"，垃圾问题专家威廉·雷斯杰警告。"[石化]塑料不能生物降解，这通常会被认为是它的一个主要缺点"，他补充道，"但实际上可能是它的一个很大的优点"。说这是优点是因为如果它降解的话，会把有毒物质释放到环境中。

什么是"可生物降解的"？

2008年，丹尼·克拉克辞去通信技术工程师的工作并创办Enso Bottles公司，他希望能留下"一笔遗产，那就是我们对环境做了一些积极的事"。通过将可生物降解的植物基PET添加剂与传统塑料相结合，克拉克研发出了一款他声称既可生物降解又可回收利用的瓶子。

但是美国国家PET容器资源协会（NAPCOR）的丹尼斯·萨布林却不同意他的说法。2011年，NAPCOR要求PET生产商停止使用可生物降解的添加剂。它给出的理由是，含有可生物降解添加剂的容器不容易回收利用，浪费能源，且"可能存在重大的健康和安全风险"，这家行业组织甚至这样说道，"可降解的添加剂对环境或社会没有任何好处"。

加利福尼亚州首席检察官办公室也不支持克拉克的说法。同一年晚些时候，它对Enso公司提起公诉，而另外两家水瓶生产公司则表示，Enso公司声称其生产的瓶子不到5年就能生物降解且无有害残留物，这是在欺骗消费者。"加州市民致力于回收利用和保护环境"，首席检察官卡马拉·哈里斯说，"但当这些公司在广告里说它们的产品是'可生物降解的'，这些不实和误导性的宣传却让这些努力白费"。

根据首席检察官的说法，Enso公司宣称瓶子是可回收利用的，这也不符合实情。NAPCOR曾经警告过PET生产商，回收商可能会把含有可生物降解添加剂的塑料瓶视为污染物，并把它们与可回收的塑料分开。"到目前为止，我们还没有看到它降解了，或者不会给回收工作添乱"，消费后塑料再生商协会（APPR）的大卫·康奈尔说。"如果它不能降解，那么谁会要它？如果它能降解，你看看它对回收利用做了些什么？"

克拉克却不以为然，他还是坚称含有他的公司生产的Enso Restore添加剂的材料生物降解的速度比不含这一添加剂的材料要快90%。"我们的产品的表现确实如我们所宣传的那样，并且我们有数据来证明这一点"，他说。

"他们的确正在做这件事，我相信他们，我会给他们时间"，APPR的康奈尔说。[10]

生物塑料的原料

可再生原料也不完美。在原料生产中使用转基因生物引起了一些人的担忧，因为使用的原料本该用来为人们提供食物。今天的生物塑料生产最常用的原料是玉米、土豆、蔗糖和甜菜根——所有都是食物来源。但考虑到生物塑料在目前的市场中只占很小的比例，它的原料种植占用的土地还不到全世界农用地总面积的0.001%。行业组织欧洲生物塑料协会打了一个真正欧洲风格的比方，"从比例上看，就像把一颗小番茄放在埃菲尔铁塔旁"。但是，如果生物塑料市场如预测的那样每年增长20%，生产原料对耕地和食品资源的占用可能会更令人担忧。[11]

但是，已经有一些生物基塑料是用非食品原料如柳枝稷和农业废弃物制成的。不过，这些纤维素原料的加工需要有配套的更复杂的生物精炼工厂，而这样的工厂仍然很少，因为它们的技术很复杂，而且建设投资和运营成本很高。例如，杜邦公司最近就斥资2亿美元在艾奥瓦州开办了一家纤维素生物精炼工厂。这座工厂将生产纤维素乙醇，每年要消耗超过375000吨玉米秸秆，即玉米采收后剩下的不能吃的茎。[12]

尽管原料来源和可生物降解性让生物塑料的发展面临很大阻力，但它们仍将是未来的材料，并且它们已经很好地应用在今天的很多产品里了。例如，ECO鼠标，按照生产商日本富士通公司的说法，是世界上首款可生物降解、不含塑料的电脑鼠标。公司称，它和ECO产品系列的其他电脑配件一道，"可以让生产过程不再使用石油基资源，如塑料和PVC"。

"我们正设法证明，在IT的全生命周期都不使用不可再生原料是有可能的"，富士通技术解决方案公司的产品经理强登•梅塔说。"有环境意识的企业如果选择了这款鼠标，便会感觉它们既帮助减少了二氧化碳排放量，又没有损失耐用性或舒适度，并且也不需要付出额外的成本。"

外壳是用被取名为Arboform和Biograde的塑料替代品制成的。Arboform有时也被称为"液体木材"，是以木质素、纤维素纤维和天然添加剂为原料制成的一种可以任意塑型的生物塑料。强度比聚乙烯塑料高且100%可生物降解，它也因此为它的发明者——德国弗劳恩霍夫化学技术研究所的赫尔穆特•纳格勒和尤尔根•普菲策尔赢得了2010年欧洲发明家大奖。按照富士通的说法，Arboform的柔韧性让ECO鼠标外壳比用其他可再生原料制成的鼠标外壳更具弹性，这也让它用起来感觉比传统塑料鼠标更舒服。Biograde是一种纤维素基生物塑料，也具有类似的特性。

甲虫生物塑料

不是所有生物塑料都以植物为原料。荷兰设计师阿赫耶•胡克斯特拉就用死去的拟步甲的壳制作她的生物塑料。这些壳含有甲壳素，后者是一种天然聚合物，蟹壳和龙虾壳也含有这种物质。经过加热、压制之后，塑料上还能隐约看出这些壳的印记，塑料是防水的，而且能耐200℃的高温。"我希望在塑料中保留甲虫原本的结构，这样人

图18.3：拟步甲生物塑料灯饰

荷兰设计师阿赫耶•胡克斯特拉选用死去的拟步甲的壳制作灯饰。这些壳含有天然聚合物甲壳素。图片由阿赫耶•胡克斯特拉提供。

们就知道塑料是用什么做成的",胡克斯特拉在接受Dezeen杂志专访时表示。她已经用她的拟步甲塑料制作了珠宝和装饰物,还计划用它来制作塑料汤匙和塑料杯。尚不清楚有多少消费者迫切想要用甲虫壳制成的塑料用具来吃喝,但胡克斯特拉的生物塑料用具似乎不含有存在于许多石化塑料用具中的有毒物质。[13]

石化塑料拥有的许多优点生物塑料也有,并且生物塑料的生产排放较少的二氧化碳,产生较少的有毒废弃物,且降低了化石燃料的消耗。例如,英吉尔是奈琪沃克公司生产的聚乳酸(PLA)生物聚合物,在其全生命周期内排放的温室气体还不到常见塑料如PVC和PET的1/3。[14]由于具有这些优点,根据麦肯锡公司合伙人豪尔赫•菲姬的说法,将近1/3的消费者表示愿意为它们多付10%的钱。他预测,只有当原油价格继续上升时,生物塑料的销量才会增加。随着油价的不断上涨和消费者需求的日益增长,石油基塑料未来有望含有更多的生物基成分。例如,宝洁公司最近为其研发的含85%生物基成分的新食品包装材料成功申请了专利。宝洁、亨氏、耐克和可口可乐公司组建的"植物PET技术合作团队"正在用100%生物基PET(以巴西甘蔗制糖的副产品——甜甘蔗渣为原料制成的聚对苯二甲酸乙二醇酯)生产包装、服装等产品。可口可乐公司计划到2020年使用100%植物基瓶子,这显示出行业正在朝生物塑料的方向快速前进。可口可乐的子公司奥德瓦拉已经在使用由100%植物基原料制成的饮料瓶。这些100%植物基产品代表着生物塑料的前沿技术,在后石油时代,它们将掀起一场革命并最终取代石油基塑料。[15, 16]

用于碳捕集的生物塑料

塑料的一个优点是它们捕集和封存CO_2。当把石油制成塑料,它所含的碳就被捕集了,而如果石油燃烧的话,这些碳就会被释放出来。迄今为止,所有没有被焚烧的塑料,都能够把数百万吨的CO_2保存在产品、垃圾填埋场、土壤和海洋中。《绿色能源新闻》的布鲁斯•马利肯指出,用植物制成的生物塑料也具有同样的碳捕集能力:

大自然捕集和储存二氧化碳的工作做得相当好。植物吸收CO_2……[并且]如果该植物恰好是一棵树,那么只要它还活着,它所吸收的碳仍然被封存在树木里,而如果这颗树被用作木材,碳就会被封存在房屋框架、家具或其他木制品里。被用作建筑产品的木料可以将碳封存少则十年,多则数个世纪。

用不能生物降解的生物塑料生产出来的耐用商品可以将碳封存数十年，但这只是在大自然所做工作的基础上"锦上添花"。木材是封存二氧化碳的一种主要、天然的方式，而人类则是使用各种各样的植物，包括草、废木材、丢弃食物和废弃农产品甚至水藻，制成生物塑料，然后用其生产产品和部件，用于建造耐久的商品，如建筑和基础设施。[17]

注 释

1　Álvarez-Chávez, C.R., Edwards, S., Moure-Eraso, R., and Geiser, K., "Sustainability of Bio-based Plastics: General Comparative Analysis," 3rd International Workshop on Advances in Cleaner Production, São Paulo, Brazil, May 18–20, 2011, www.advancesincleanerproduction.net/third/files/sessoes/5B/7/Alvarez-Chavez_CR%20-%20Paper%20-%205B7.pdf

2　Shen, Li, Haufe, Juliane, and Patel, Martin K., "Product Overview and Market Projection of Emerging Bio-Based Plastics," Technical Report, University of Utrecht, Utrecht, Netherlands, 2009, http://en.european-bioplastics.org/wp-content/uploads/2011/03/publications/PROBIP2009_Final_June_2009.pdf

3　Álvarez-Chávez et al., "Sustainability of Bio-based Plastics."

4　Zara, Christopher, "Coca-Cola Company (KO) Busted for 'Greenwashing': PlantBottle Marketing Exaggerated Environmental Benefits, Says Consumer Report," *International Business Times* online, September 3, 2013, www.ibtimes.com/coca-cola-company-ko-busted-greenwashing-plantbottle-marketing-exaggerated-environ-mental-benefits

5　"'Dropping in': Bioplastics—Same Performance but Renewable," *European Bioplastics Bulletin*, Issue 3, 2012, http://en.european-bioplastics.org/blog/2012/07/13/dropping-in-bioplastics-same-performance-but-renewable/

6　"Bioplastics", NYC Recycles, www.nyc.gov/html/nycwasteless/html/resources/plastics_bio.shtml

7　Long, Cheryl, "The Truth about Biodegradable Plastics," *Mother Earth News*, June/July 2012, www.mother-earthnews.com/nature-and-environment/biodegradable-plastics-zmaz10jjzraw.aspx#ixzz2ggDAWFM0; U.S. Environmental Protection Agency, "The Degradables Debate," www.epa.gov/osw/wycd/catbook/debate.htm; Lilienfeld, Robert, ed., "Review of Life Cycle Data Relating to Disposable, Compostable, Biodegradable, and Reusable Grocery Bags," The ULS Report, March 28, 2008, www.use-less-stuff.com/Paper-and-Plastic-Grocery-Bag-LCA-Summary-3-28-08.pdf

8　Weisman, Alan, "Polymers Are Forever," *Orion*, May/June 2007, www.orionmagazine.org/index.php/articles/article/270/

9　U.S. Government Printing Office, "Electronic Code of Federal Regulations," October 31, 2014, www.ecfr.gov/cgi-bin/text-idx?c=ecfr&SID=bce841cb851c93a436cc50e2996cc9d4&tpl=/ecfrbrowse/Title16/16cfr260_main_02.tpl

10　National Association for PET Container Resources, "Degradable Additives to Plastic Packaging: A Threat to Plastic Recycling," www.napcor.com/pdf/Degradable%20Additives%20to%20Plastic%20Packaging%202-15-2013.pdf; Soenarie, Angelique, "Eco-friendly Plastic Bottles Stoke Recycling Fight," *USA Today*, February 4, 2011, http://usatoday30.usatoday.com/money/industries/environment/2011-01-29-water-bottles_N.htm;

Schwartz, Naoki, "Water Bottle Lawsuit: California Attorney General Sues Companies Over False Biodegradable Claims," *Huffington Post*, October 26, 2011, www.huffingtonpost.com/2011/10/26/water-bottle-lawsuit_n_1033795.html; U.S. Government Printing Office, "Electronic Code of Federal Regulations, §260.8 Degradable Claims," www.ecfr.gov/cgi-bin/text-idx?c=ecfr&SID=6beb087d6582cad0e42557e8ef1f12aa&rgn=div8&view=text&node=16:1.0.1.2.24.0.5.8&idno=16

11 European Bioplastics, "Bioplastics", 2014, http://en.european-bioplastics.org/bioplastics/; Bredenberg, Al, "Bio-Plastics Are Getting a Toehold in the Packaging Market," December 10, 2010, http://news.thomasnet.com/imt/2012/12/10/bio-plastics-are-getting-a-toehold-in-the-packaging-market

12 "DuPont Breaks Ground on Commercial-scale Cellulosic Biorefinery in Iowa," Green Car Congress, November 30, 2012, www.greencarcongress.com/2012/11/dupont-20121130.html

13 http://www.aagjehoekstra.nl/coleoptera.php

14 "Ingeo Eco-Profile," NatureWorks, www.natureworksllc.com/The-Ingeo-Journey/Eco-Profile-and-LCA/Eco-Profile

15 "Dow Chemical Explores Methods for Producing Its Key Feedstocks from Renewable Resources," February 28, 2011, www.icis.com/Articles/2011/02/28/9438198/dow-studies-bio-based-propylene-routes.html; Whitworth, Joe, "P&G Files Patent for Eco-Friendly Package Invention," *Food Production Daily*, November 19, 2012, www.foodproductiondaily.com/Packaging/P-G-files-patent-for-eco-friendly-package-invention

16 Moye, Jay, "15 Billion and Counting," June 5, 2013, www.coca-colacompany.com/15-billion-and-counting; Cernansky, Rachel, "Odwalla 'Plastic' PlantBottle Now Made With 100% Plant Materials," treehugger.com, April 5, 2011, www.treehugger.com/corporate-responsibility/odwalla-plastic-plantbottle-now-made-with-100-plant-materials.html

17 Mulliken, Bruce, "Building with Bioplastics: Atmospheric Carbon Storage in Construction Materials—Part 4," *Green Energy News*, Volume 17, Number 18, July 17, 2012, www.green-energy-news.com/arch/nrgs2012/20120072.html

第 19 章

纳米塑料

发展潜力和危险性

> 纳米技术可能改变几乎任何事物——疫苗、电脑、汽车轮胎和其他我们
> 还没想到的物品——的设计和生产方式。
>
> （纳米科学、工程与技术跨部门工作小组）[1]

生物科技让植物基塑料和其他创新变成了现实，而现在，另一项"超级技术"正在塑造我们后石油时代的未来：纳米技术。

"紧随气候变化和不断上涨的油价而来的，是对可以替代石油基产品的可持续和轻质材料的不断增长的需求"，SustainComp的创始人说，这是欧洲的一个新项目，旨在用纳米技术开发先进的、可持续的木基复合材料。"与此同时，生物塑料的生产能力正在增加，生物塑料和纳米技术的结合，使得用可持续和可再生材料代替石油基材料有了技术支撑。"[2]

纳米技术让我们能够对分子大小的物质进行设计和控制，从而改变产品的生产方式。在这一尺度上，量子物理学的定律使材料具有奇异和有趣的特性。用这些纳米材料制成的新产品拥有特殊的性能——也引发了人们对环境和健康的许多新的担忧。对纳米技术的许多创新和担忧源自微小的颗粒本身，它小到只有1米的10亿分之一。例如，如果把混凝土中的波特兰水泥磨成纳米大小的颗粒，它的强度可以变成原来的4倍。但是，宽度只有1米的10亿分之几的微粒有可能进入我们的肺部和组织，甚至穿过细胞膜，这是较大的材料做不到的。

虽然关于纳米微粒对人类健康和环境的影响的担心，使一些人对其提出质疑，但几乎所有行业都在采用纳米技术。消费品，从小汽车和电子产品到化妆品和医用植入物，都在使用能增加强度、减轻重量和拥有许多其他优点的纳米材料。其中大部分使用的是纳米复合材料，即将纳米微粒如碳纳米管与基体或黏合剂（通常是石油基）相结合而制成的材料。由于碳纳米管具有显著的特性，自1991年被采用以来，它们就在引领着纳米技术的革命。它们的强度比钢大得多，

而重量只是钢的几分之一，它们可以用来制作透明产品，还能导电。它们已经被普遍应用在许多消费品中了，比如你的小汽车。小汽车的保险杠采用碳纳米管和纳米黏土以减轻重量，强度却不会降低。事实上，这些保险杠比你爷爷车上由重型钢制成的保险杠要坚固得多。它们可以用模具制作并与车身融为一体。另一个例子是碳纳米管自行车

图19.1：纳米微粒有多小？
把一个纳米微粒放在足球表面，就像把一个足球放在地球表面。图片由iStock.com提供。

车架，它现在已经成为高端自行车赛事如环法自行车赛的"标准配置"了。这些车架是将碳纳米管——地球上强度最大的材料——与把它们粘在一起的聚合物基体相混合而制成的。与用碳纤维布包裹聚合物基体而做成的碳纤维车架相比，碳纳米管车架强度更大，重量更轻。

世界各地的研究中心和公司实验室基于碳纳米管的创新层出不穷。澳大利亚的国家科学机构联邦科学与工业研究组织（CSIRO）目前正在与位于美国达拉斯市的得克萨斯大学纳米技术研究所合作，研发碳纳米管纱线和纺织品，包括"防弹纱线"的开发。

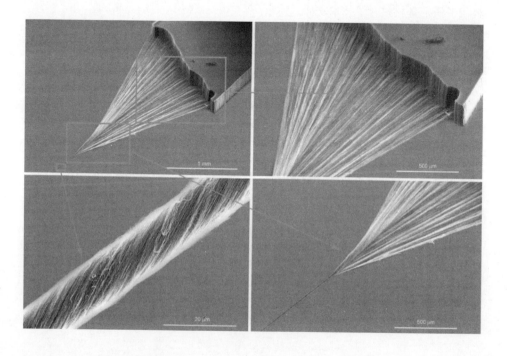

"长度约为一毫米的三分之一的碳纤维可以被纺成纱，并具有优异的特性"，CSIRO在一份新闻稿中解释道；"它们能导热、导电，可用于生产新一代的智能纺织品"。[3]

导电塑料

塑料可以做很多事，但不包括导电。但是现在，美国弗吉尼亚大学的纳米科学家研制出了一种含有碳纳米管的超轻导电材料并因此获奖，这一材料集合了塑料和金属的优点。他们研发的纳米复合材料是塑料、碳纳米管和发泡剂的混合物，非常轻巧，不会腐蚀，且生产成本比金属的低。他们的试验表明，虽然碳纳米管在纳米复合材料中只占不到2%，但它们将材料的电导率提升了10个数量级。它们还提高了材料的热导率，从而增强了它的散热能力。"金属不仅很重；还很容易受到腐蚀"，小组组长穆尔·C·古普塔说。"塑料隔热材料重量轻，稳定，生产成本更低廉，但是不能导电。因此，我们的初衷是让塑料变得能导电"。该大学工程与应用科学学院的院长詹姆斯·H·艾洛预测，"这一新材料可以用来制作隔热材料、商业和航空领域的电磁干扰屏蔽材料、先进的传感器、避雷装置等"。[4]

大多数纳米复合材料仍然要用到塑料。一个原因是纳米微粒如碳纳米管的生产成本仍然非常高昂。塑料则提供了较为便宜的填料，同时也是有效的黏合剂，将纳米微粒粘在一起。纳米技术也正在使传统塑料的性能得以扩展。"聚合物的大部分特性是基于纳米结构"，德国巴斯夫公司的聚合物研究员弗朗兹·博兰施泰特说。"我们正在研究用新的聚合方法来构建微型和纳米结构"。巴斯夫公司预计，用这一方法制成的隔热材料的性能将是公司目前生产的巴数特泡沫的两倍。在它们形成纳米结构过程中，化学分子自组装，使工程师能够设计出具有特定性质的分子。博兰施泰特将这视为设计范式的转变。"现在"，他说，"我们不再问'这个材料能做什么？'而是问'我们想要什么样的性能？'"

图19.2："防弹纱线"
碳纳米管的强度是钢的数百倍，重量却只有钢的1/6。澳大利亚联邦科学与工业研究组织和位于美国达拉斯市的得克萨斯大学的研究人员将它们纺成纱，创造出了"新一代的智能纺织品"。图片由CSIRO制造旗舰华安池显微镜实验室提供。

不会燃烧的塑料

如果塑料燃烧时释放的是水汽而不是有害气体，那该有多好！建筑中常用的塑料通常是可燃的，因此它们需要添加阻燃性化学物质，而其中有许多又会引起人们对健康和环境的担忧。华盛顿州甚至禁止在家居用品中使用一类阻燃剂。但是马萨诸塞大学阿默斯特分校的纳米科学家研制出了一种不需要添加阻燃剂的合成聚合物，因为它根本不会燃烧。他们在研发这一聚合物时采用了双羟基脱氧安息香（bishydroxydeoxybenzoin），其在着火时释放出水蒸气，而不是有危害的气体。研究人员称他们的合成聚合物是透明的，有良好的柔韧性，很耐用，并且生产成本比目前使用的耐高温耐热塑料要低得多。他们的工作充分说明，纳米技术不仅正在创造新的石油基塑料的替代品，而且让所有塑料具备更多的性能。[5]

用于食品包装的纳米材料

纳米技术在食品包装领域有巨大的应用潜力，同时也引起很大的争议。提供纳米科技信息的网站AZoNano的主编威尔·苏特写道，"虽然仍然有人在关注包装中有多少纳米材料会渗入食品，以及它们会对消费者的健康造成什么影响，但是到目前为止，大多数研究还是很有价值的，而且好处也是切实存在的——一些用于包装的纳米增强材料已经上市，有助于延长食品的保质期，并且让食品更易于生产、加工和管理"。

食品包装使用的塑料会允许少量空气渗入，最终造成包装里的食物变质。但厚度还不到1米的100万分之一的纳米涂层可以防止变质发生。此外，许多纳米微粒，如银和氧化锌，是天然抗菌的。研究人员甚至还利用许多纳米微粒具有的传导特性开发出了智能包装，提醒消费者——如通过改变颜色——食物何时开始变质。但是，在与我们的食品接触的包装中掺入重金属如银和锌的做法，也引起了一些人的担忧。"人们还没有充分了解包装薄膜中含有的纳米微粒究竟会在多大程度上渗进食品"，苏特写道，"以及摄入各种各样的纳米材料会对消费者的健康造成什么影响"。[6]

爱尔兰国立都柏林大学和科克大学的研究人员发现，用增塑聚氯乙烯（PVC）纳米复合材料制成的包装薄膜里的纳米银可能会迁移到食物里。但是，他们也发现，迁移量"可能低于目前常规迁移物质的迁移限值和规定的毒性限值"。

"但是"，他们警告，"还没有足够的科学证据能够证实，纳米尺度的颗粒会对健康造成危害"。欧洲最大的消费者研究机构——弗劳恩霍夫研究所的负责人则得出了不同的结论。他在欧洲议会举行的一次会议上表示，研究所的研究显示，3 ~ 4纳米大小的颗粒"根本不可能从LDPE[低密度聚乙烯]迁移，也因此不可能从任何塑料食品接触材料迁移"。虽然每一项结论是在特定的研究条件下得出的，但也表明，关于在食品包装中使用纳米材料的安全性问题还没有定论。[7]

与此同时，美国国家有机认证计划规定，在生产、加工或包装过程中接触纳米材料的食品不允许贴上有机标签。这包括接触含纳米材料的表面的食品和初级包装中含有纳米材料的食品。这一禁令不仅使生产含有抗菌纳米颗粒的工作台面和包装（正变得越来越常见）的厂商遭受沉重打击，对纳米技术来说也是如此，因为既然它都被禁止贴上有机标签了，公众可能会越发觉得它是不利于健康的。[8]

用纳米黏土为食品保鲜

纸和硬纸板仍然是世界上最常见的包装材料，但说到食品包装，用的最多的则是塑料。这是因为纸不能防潮。但是现在，英国谢菲尔德哈莱姆大学和瑞典卡尔斯塔德大学的研究人员发明了一种用黏土、淀粉和无毒增塑剂制成的替代品。这一款被他们称为CaiLar的不含塑料的产品，阻隔水汽渗透的能力是纸的10倍。"全社会的消费正在

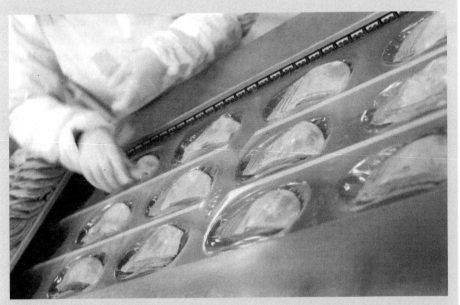

图19.3：O2Block食品包装添加剂
一旦氧气进入食品包装，里面的食物会很快变质。但是，总部位于巴伦西亚的NanoBioMatters公司研发出了新的添加剂，即将除氧铁粒与层状硅酸盐黏土相结合，以延长食物的保质期。图片由iStock.com提供；摄影：考波·基克卡斯。

日益增长，而为统治今天的包装领域的塑料薄膜寻找替代材料也就变得越来越重要"，谢菲尔德哈莱姆大学的克里斯·布林教授说。研究团队最近携CaiLar参加了"全球论坛"在斯德哥尔摩举办的创新大赛并获奖，现在正探索将其商业化。

与此同时，欧盟委员会为一个名为SustainComp的项目投资超过600万欧元，该项目旨在开发用于包装的可持续纳米结构木基生物复合材料，以替代石油基产品。总部设在巴伦西亚的NanoBioMatters公司研发出了为食品包装"除氧"的一系列新的添加剂。当氧气经由空隙或直接穿透包装薄膜渗入包装时，通常会引起食物腐败变质。但是，NanoBioMatters公司运用O2Block技术，将层状硅酸盐黏土与除氧铁颗粒相结合，制成了食品包装添加剂，公司称其是"比传统除氧技术更简单、成本更低和更方便的替代技术"。含有这一添加剂的包装可以延长食品的保存期限。[9]

对健康和环境的担忧

虽然纳米材料在很多方面的表现好于传统材料，但它们也引发了一些争议。如果这些细小的颗粒进入我们的体内或环境中会怎么样？许多研究显示，当一些纳米微粒蓄积在我们的组织中以及植物和动物体内时，它们的确会引起一些问题。纳米微粒在体内和环境中的表现与散状物料不同，并且光它们的大小就会引起人们的担心。与较大的颗粒相比，纳米微粒更容易进入肺部，甚至能穿过某些细胞膜。它们还会在植物和动物的组织中累积。这是另一个受关注的领域，但由于这些微粒在自然环境中累积的时间还不够长，因而我们无法研究它们的长期影响。研究人员试图模拟它们在生物体内的累积，但那毕竟不够准确。[10]

瞬态电子产品

新兴的纳米生物科技如瞬态电子产品充分说明，这些快速发展的领域前景广阔，但也存在争议。瞬态电子产品指的是用"可被环境吸收"和"可被人体吸收"的原材料——当作堆肥处理（可被环境吸收）或甚至在我们体内（可被人体吸收）时，会分解成细小颗粒的材料——制成的手机、照相机和医疗器件。"这些产品与传统电子产品截然相反，后者的集成电路在设计时就要考虑持久而且稳定的物理和电子性能"，塔夫茨大学工程学院生物医学工程学教授菲奥伦佐·奥梅内托说。"瞬态电子产品能够提供与目前产品相当的强大性能，但它们会在预设的时间完全融入周围的环境当中，这可以是几分钟到几年，视具体的应用而定"，奥梅内托解释道。"想象一下，如果手机能自然分解而不是在垃圾填埋场里待上好多年，那会给环境带来多大的好处。"

奥梅内托与他人合写了一篇论文并发表在《科学》杂志上，文章对这项研究作了详细介绍，该研究是与伊利诺伊大学厄本那 - 香槟分校的约翰·罗杰斯，也就是这篇论文的另一位作者合作开展的。罗杰斯的团队将电子产品与从蚕茧中提取出来的丝蛋白相结合，研发出了一款完全可生物降解的64像素数码相机。来自亚利桑那大学和西北大学的科学家也参与了这项研究。[11]

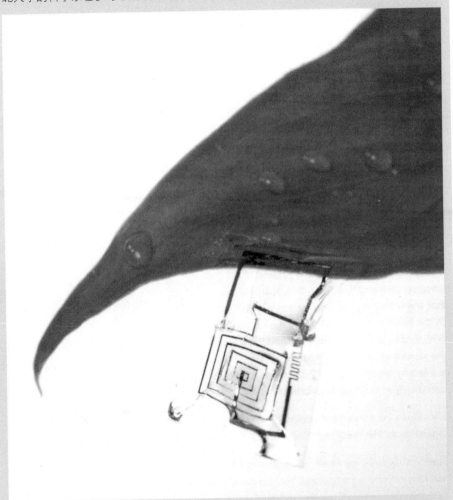

图19.4：瞬态电子产品
可生物降解的电子器件如这块可溶解的电路板为医用植入物、环境监测和消费类产品引入了新的设计范式。图片由伊利诺伊大学厄本那 - 香槟分校的约翰·罗杰斯教授提供。

但是，当细小的颗粒生物降解时，它们会变成什么样？一份题为"生物基塑料的可持续性"的研究报告将纳米生物复合材料列为最不受欢迎的一类生物塑料，并指出，"纳米微粒对健康的影响引人关注，因为人们还没有完全了解它们的影响。毒物学家假设纳米微粒可能不会被一般的生物体防御系统识别。它们微小的尺寸可能会改变蛋白质结构，并且它们可能从呼吸系统一路进入脑部和其他器官"。[12]

美国环保署对纳米技术目前的研究进展作了总结，并表示，"纳米技术是一门相对较新的学科，因此，纳米材料是否危害健康的问题还没有得到确认"。一些人主张遵守预防原则——禁止纳米材料进入市场，从而不会进入环境和我们的体内，直到我们确定它们是无害的。但是，某些政府机构绝不会采取这一办法，比如美国食品药品监督管理局就不对纳米技术进行监管。至少在美国，针对纳米技术的法规近期都不会出台。[13]

二氧化钛和人的健康

二氧化钛（TiO_2）是世界上应用最广泛的纳米微粒，全世界每年的产量达数百万吨。它作为漂白剂被添加到涂料、防晒霜、牙膏甚至是像裹粉甜甜圈这样的食品中。一份题为"食品和个人护理产品中的二氧化钛纳米微粒"的研究报告指出，儿童单位体重（公斤）摄入的TiO_2是成人的2 ~ 4倍。研究还发现，一些牙膏和防晒霜的含钛量超过10%。TiO_2被国际癌症研究机构列为"可能的人类致癌物"。带着这些令人忧心的认识，我向玛丽亚·维特多利亚·迪亚曼蒂教授请教，想听听她对TiO_2毒性的看法。迪亚曼蒂教授虽然不是一位毒物学专家，但在米兰理工大学任教的她写了多篇关于TiO_2的研究报告，尤其是其在建筑中的应用。

这份报告指出，儿童食入了大量的TiO_2，这一问题是否应该引起我们的重视？

就二氧化钛本身来说，它被认为是一种生物惰性材料，因为它是自然生成的化合物。引起人们担忧的是它的纳米形式。动物和人的研究显示，较大的颗粒能被肺部的巨噬细胞有效清除，而被吸入的纳米微粒（NPs）则清不干净，从而导致肺损伤，而纳米微粒还可能经循环系统、淋巴系统和神经系统进入许多组织和器官，包括脑部。

报告还引用了其他研究报告得出的结论，即吸入纳米微粒TiO_2存在的风险，包括引发炎症和可能引发哮喘。吸入比食入更值得关注吗？

虽然吸入是最难防的侵入点，但它的风险可能是最低的，因为一般人的暴露时间很短；不过对于那些在生产TiO$_2$纳米微粒或含有TiO$_2$的材料的地方工作的人来说，就另当别论了。但是，迄今为止，开展的人体研究还没有发现TiO$_2$职业暴露会增加患癌风险。

如果经由皮肤吸收呢，比如涂防晒霜？

目前对含TiO$_2$的乳霜所做的试验显示，纳米微粒不会穿透健康的皮肤，因而也不会到达皮肤细胞以及其他器官和组织。

最后一个问题，研究指出，所有被生产出来的TiO$_2$中，有近70%是作为涂料的颜料，虽然一些研究指出，TiO$_2$对生物的危害比其他纳米材料如多壁碳纳米管要小，但也有研究显示，它会在浮游生物体内累积和抑制水藻生长。

建成环境释放的二氧化钛纳米微粒（光催化涂料、灰泥和出露混凝土的粉化效应）可能是城市水体的一个污染源，会导致水生生物中毒。研究显示，短期暴露不会对水生生物产生毒性作用，但由于TiO$_2$不易溶解且会长期存在，也应该对长期暴露的影响进行评估。科学文献中关于这一点的信息很少；但是，可能的暴露剂量也是极少的。[14]

注　释

1　Interagency Working Group on Nanoscience, Engineering and Technology, "National Nanotechnology Initiative: Leading to the Next Industrial Revolution," Report, Washington, DC, 2000, www.whitehouse.gov/files/documents/ostp/NSTC%20Reports/NNI2000.pdf

2　Institute of Nanotechnology, "EU to Invest Millions in Nanotech for Sustainable Packaging," August 21, 2009, www.nano.org.uk/forum/viewtopic.php?t=3711&sid=4c9ae91ffe38d8d2f82130a89b3937e2

3　Commonwealth Scientific and Industrial Research Organization, "Spinning a Bullet-proof Yarn," March 15, 2010, www.csiro.au/Organisation-Structure/Divisions/CMSE/Fibre-Science/Carbon-Nanotubes-3.aspx

4　Elvin, George, "Nanotechnology for Green Building," Webcast, April 22, 2009, www.brighttalk.com/webcast/691/2060

5　UMass Amherst News & Media Relations, "UMass Amherst Scientists Create Fire-Safe Plastic," May 30, 2007, www.umass.edu/newsoffice/article/umass-amherst-scientists-create-fire-safe-plastic

6　Soutter, William, "Nanotechnology in Food Packaging," AZoNano.com, July 6, 2012, www.azonano.com/article.aspx?ArticleID=3035

7   Cushen, M., Kerry, J., Morris, M., Cruz-Romero, M., and Cummins, E., "Migration and Exposure Assessment of Silver from a PVC Nanocomposite," *Food Chemistry*, Volume 139, Issues 1–4, August 15, 2013, 389–397, www.sciencedirect.com/science/article/pii/S0308814613000691; Addy, Rod, "Fraunhofer Expert: Nanoparticles Don't Migrate from Food Plastics," *Food Production Daily*, April 2, 2013, www.foodproductiondaily.com/Packaging/Fraunhofer-expert-nanoparticles-don-t-migrate-from-food-plastics; Witworth, Joe, "Migration Factors of Nanosilver in PVC Packaging Studied," *Food Production Daily*, April 11, 2013, www.foodproduc-tiondaily.com/Packaging/Migration-factors-of-nanosilver-in-PVC-packaging-studied

8   Elvin, George, "USDA Bans Foods Containing or Contacting Nanoparticles from Carrying 'Organic' Label," Green Technology Forum, March 24, 2011, http://gelvin.squarespace.com/green-technology-forum/2011/3/24/usda-bans-foods-containing-or-contacting-nanoparticles-from.html

9   "Spain's NanoBioMatters Develops New Series of Oxygen Scavengers for Plastics Packaging," Press Release, October 27, 2010, www.nanobiomatters.com/wordpress/wp-content/uploads/2010/10/NanoBioMatters-launches-O2-scavenger-release.pdf

10   U.S. Environmental Protection Agency, "Research Investigates Human Health Effects of Nanomaterials," www.epa.gov/nanoscience/quickfinder/hh_effects.htm

11   Thurler, Kim, "Smooth as Silk 'Transient Electronics' Dissolve in Body or Environment," TuftsNow, September 27, 2012, http://now.tufts.edu/news-releases/smooth-silk-transient-electronics#sthash.UOTeF3gI.dpuf

12   Álvarez-Chávez, C.R., Edwards, S., Moure-Eraso, R., and Geiser, K., "Sustainability of Bio-based Plastics: General Comparative Analysis," 3rd International Workshop on Advances in Cleaner Production, São Paulo, Brazil, May 18–20, 2011, www.advancesincleanerproduction.net/third/files/sessoes/5B/7/Alvarez-Chavez_CR%20-%20Paper%20-%205B7.pdf

13   U.S. Environmental Protection Agency, "Research Investigates Human Health Effects of Nanomaterials."

14   Elvin, George, "Professor Maria Vittoria Diamanti on Titanium Dioxide Toxicity," Green Technology Forum, February 21, 2012, www.greentechforum.net/green-technology-forum/2012/2/21/professor-maria-vittoria-diamanti-on-titanium-dioxide-toxici.html

第五部分

后石油时代的设计原则

第 20 章

循环和流动

生命系统

可能我们在创造后石油时代的世界时，不仅会采用不同于以往的材料和技术，而且遵循不同的设计原则。本章介绍的设计原则是在数十位后石油时代设计师所做工作的基础上总结出来的，我为写这本书对他们进行了采访和研究。他们制作的产品都减少了石油的消耗，并且通常他们在制作产品时：

使用可再生材料
使用可回收利用的材料
使用无毒材料
采用低能耗的生产过程
产生很少的碳排放
采用当地的工艺

这些是可持续设计和生产的基本原则。它们值得称道，但其实也不算特别稀奇，因为那些努力减少石油使用的设计师都在这么做。但还有其他一些不那么明显的通用法则，源自对自然界中存在的能量流和相互依存关系的深刻理解。虽然这些原则在表述上可能存在差异，但它们一再地出现在后石油时代的设计中：

能量流
循环
资源平衡
弹性
相互依存

这些原则也适用于其他事物：生命系统。我采访到的几十位后石油时代的设计师或许没有明确说出他们是在模仿生命系统，但他们的工作已经充分说明了这一点。我们在前面已经看到了后石油时代设计的一些实际应用——材料选择、生产、配送和废弃物管理。现在，我们接着探讨指导人们做出这些实用决策的原则是什么。

能量流

说到"能量"，我们首先想到的可能会是"石油"，但这一概念包含的不仅仅是石油。应该说，任何事物都具有能量，我们要认识它是如何移动和流动，集中和分散的。然后，我们可以有针对性地进行设计并与之和谐共生，而不是将它的原始形态如石油、天然气和煤炭都消耗殆尽。举个例子，我们来看看自然是如何支持和培育最基本的生命形态——树木的。阳光照在树叶上，后者被设计成完美的太阳能集热器，在树的顶部铺展开来，接受阳光的照射，就像有生命的太阳能板。通过光合作用，树木将阳光转化为食物。这一过程的副产品是什么？就是我们呼吸的氧气。事实上，自然界的能量转换的所有副产品和产物都成了其他过程的食物或原料。没有"废弃物"。树木除了吸收来自太阳的能量，它也从土壤中摄取能量，即养分。树木死后，它就成了土壤中微生物和虫子的食物，最终变为土壤，滋养新的树木的生长。

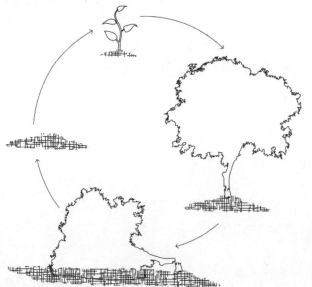

图20.1：自然界中循环往复的能量流
在自然界中，一个过程产生的废弃物成为另一过程的食物。插图由玛丽亚·梅萨绘制。

当我们开始将我们自己视为一张巨大的能量网的一部分时，我们很快意识到，我们将它的原始形态开采出来并使用的做法是多么的愚蠢。太多时候，我们为了得到它不惜破坏环境，为了提炼它不惜污染环境，而当我们燃烧它的时候，又一次无情地对环境造成伤害。化石燃料中包含的能量有很多在加工和输送的过程中损失了。

而自然界的可再生能源如太阳能和风能，能让我们就在能量的生产地点对它进行使用，就像一棵树所做的那样，就像自然界中所有物质所做的那样。自然界的能量构成封闭循环——一个过程的副产品和产物成为其他过程的食物和原料；并且即产即用——它不存在输送损耗，而是就地使用。它也一刻不停地在运动；甚至当它被储存起来，如当热量被蓄存在岩石里，或者当食物被动物吃掉时，它也总是在流动。我们可以学着快速地就地使用少量能源，让使用的地点离生产地点更近，也让使用的时间离生产时间更近，这样我们就不会因为要输送和储存而浪费太多了。自然界的能量流还能自我调节，"当面对意想不到的干扰时，在它们自身构造所能承受的极限范围内，做出必要的改变"。一只接受过多太阳光照射的动物会躲到凉快的地方。一朵积累了过多静电能量的云会将其以闪电的形式释放出来。[1]

我们能否结合对自然界能量流的更深刻的理解，对产品的设计、生产、配送和使用方式进行变革？我们正从基础做起，进行全生命周期评价，估算生产、配送、使用和处理我们的消费品所消耗的能源。这表示我们将自己视为这一流动的一部分，而不是与之相分离。过去，我们无视自己与其他生物和土地的关系，以致我们常常误将我们居住的星球当成了一座巨大的购物中心，里面有取之不尽的资源供我们挥霍；或者当成一个庞大的垃圾堆，以容纳我们制造的垃圾和污染。但是，我们不可能脱离能量流而单独存在；我们是它密不可分的一部分，并且我们极大地影响着它的流动。我们可以带来破坏，如消耗化石燃料；我们也可以做些好事，比如我们正开始使用可再生燃料和材料。

不用电的生产

当我承诺让Gone Studio的生产过程实现零能耗，我以为我给自己制造了一个相当大的麻烦。我以为手工制作我们所有的产品会是很单调乏味的工作。但是，事实证明，不用电是我作过的最好的商业决策之一——也是一生中最好的决定之一。在我学会使用零能耗工具如手动模压机和脚踏缝纫机来工作之后，我发现用它们比用电动工具的感觉要好得多。因为它们的动力来自操作者，所以更容易接触到材料，就像用手锯而不是电锯切割原木。当然，这样做也更环保，而不用依赖由电网供电的电动工具，对于Gone Studio来说，就意味着不用依赖燃煤供电设施。

但是，不用电动工具工作的一个最大好处竟然是非常安静。电动工具的噪声很大，而手动工具几乎没有声音。这让我能更安心地加工材料，也能更专心地做好手头的工作。我在工作时有了更多思考，也变得更为专注，而不会经常分心，也不会感觉枯燥。工作时不用电最出人意料的好处是什么？不需要多长时间。当然，使用手动工具还是要比使用电动工具耗费更多的时间。我对产品进行了优化设计，不用电也能组装。我们也可以选择安装太阳能电池板并使用电动工具，这样既不消耗化石燃料，也不产生碳排放，但是我发现在没有电的环境中工作的感觉真的很好，因此我打算坚持下去。

图20.2：借助零能耗机械工作
作者使用的零能耗工具包括一台脚踏缝纫机。摄影：杰恩·罗尔芬。

传统制造业的能量流通常是"单向的"。我们频繁地将地球的能源开采出来，却还之以废弃物和有毒物质。更整体的能量流观看到了这一不平衡，并力求最大限度减少不可再生能源的使用和能源浪费。在许多情况下，最清洁的工业生产是我们不生产，最绿色的建筑是我们不建设。当然，省去消耗能源的流程可以将废弃物和资源使用减少至零。这正是亚马逊公司的"简约认证包装"计划想要实现的目标。这项意在减少"包装愤怒"的计划避免了过度包装。人们的愤怒平息了，生产包装需要使用的能源和资源也节省了。其他的设计和生产问题背后潜藏着什么样的机遇——让我们有机会省下大量的能源，当我们认识到了它是如何流动的？

生产过程中的能量流也不一定要终止。我们能否将废弃物而不是不可再生的化石燃料作为能源？在目前的技术条件下，这并不像听起来那么容易做到。例如，塑料的转废为能目前要经历一个能耗极高的流程，因为要进行高温焚烧。而一系列的创新，如利用细菌或其他生物方法分解塑料的生物降解，以及将一个生产过程产生的废能用作另一生产过程的能量来源的热电联产，可以帮助我们确保再利用废弃物所消耗的能量不会多于废弃物产生的能量。

循　环

在自然界中，能量流不是连续不断的线性流，而是由相互交织和相互作用的多个"支流"构成的复杂的网状结构。这些"支流"互相影响，它们有时汇聚，有时又各自散去。就像海上的风浪一样，这些相互作用的能量在内力和外力的作用下，会形成波峰和波谷。随着能量的循环，这些波峰和波谷也会重复出现。白天和黑夜的更替就是太阳系中能量的复杂相互作用的表现。这些相互作用的结果就是一个循环，不仅仅是能量（表现为光、热、食物和燃料）的循环，也是其他资源如水和矿物的循环。

在自然界里，有些循环似乎很随意，这可能是因为我们还没有完全认识影响它们的各种因素。而其他循环，如昼夜更替，又似乎非常有规律。了解自然界的循环可以帮助我们进行更可持续的设计。举例来说，当你在夜里走过任何一座城市，很容易就能找出那些无视昼夜循环的建筑。即使空无一人，里面依然灯火通明，而白天有人时开启的供暖或空调等系统可能仍然在运行。更智能的建筑注意到自然界这一最简单的循环，会在晚上降低照明、采暖、空调和其他系统的输出，从而节省大量的能源和大笔的费用。

自然界最重要的循环之一是投入和产出的封闭循环。在自然界中，废弃物成了食物。甚至植物或动物生命的结束都为新生命的孕育提供了食物。而我们却无视这一简单法则，对石油的消耗就是一个典型的例子。我们将这一由有机物转化而来、历经数千年时间才形成的资源开采出来，快速地使用，却以污染物和碳排放作为回报。这与自然法则背道而驰，后者把废弃物当作食物，并且是可持续的、再生的循环，即一个过程的产物成为另一过程的原料。

石油时代的生产所产生的废弃物常常是有害的，而不是有营养的。我们任由它们污染我们的空气和海洋，或者将它们掩埋，留给我们的后代去处理。我们还

图20.3：自然界的循环能量流和生产的线性能量流
可再生材料的种植、加工、使用和回收利用都可以做到对环境产生最小的影响。石油化学产品通常含有毒添加剂，用它们制成的产品被处理之后，会危害环境。插图由玛丽亚·梅萨提供。

时常否认生产投入的能源和资源的真正价值或成本。水、化石燃料、矿物和其他自然资源几乎是免费送给了那些依靠它们获利的公司。这一不可持续的做法未能给予自然界创造的工业原料或资源足够的重视，石油就是一个最好的例子。国际货币基金组织发布的一份报告显示，2011年，各国政府向石油公司提供的税后补贴达到了近1万亿美元。研究人员发现，一些国家提供的税后补贴是教育和医疗保健支出的7倍。这些数字甚至不包括这些公司为石油支付的低成本或零成本。[2]

在自然界的再生循环网中，没有所谓的"免费午餐"。当政府（其实是纳税人）每年给予化石燃料公司的补贴高达1万亿美元的时候，我们是不是在向一些能源公司提供"免费的午餐"？一旦支持可再生能源如太阳能、风能和乙醇的联邦补贴无以为继，它们的命运将会如何？反过来，我们能否对我们已经生产出来的能源进行回收利用，让其为我们后石油时代的未来提供电力？根据哥伦比亚大学发布的一份报告，如果将美国送到垃圾填埋场的所有塑料转而运至转废为能设施所在地，每年产生的电力足够供应给超过500万户家庭。因为目前被填埋的塑料将会长期存在，对它们进行开采回用并作为燃料是绝对有可能的。[3]

如果非要往好的方面想，那只能说每年产生的数万亿吨废弃物可以被我们制成下一个"化石燃料"。如果我们肯虚心向自然界学习如何循环利用，如果我们能够认识到任何物质都不会消失，可能有一天我们就会"构建一个封闭的循环"，并将堆放在垃圾填埋场里的数万亿吨垃圾用作燃料。"我们正迎来减少废弃物，更准确地说是依靠废弃物来生存的绝佳机遇"，朴门永续设计的提出者之一大卫·洪葛兰说，"这一机遇是前所未有的。过去只有穷困潦倒的人才以捡垃圾为生。而今天，我们应该为那些创造性再利用废弃物的人们点赞，因为他们让我们的生活变得轻松。"[4]

大企业家向自然学习

1923年，我的爷爷从苏格兰移居到北美洲，并为塞拉尼斯公司创办了一些以石油化学产品为基料的大型纺织厂。他获得的纺织机械专利挂在我办公室的墙上。他是个很能干的人，聪明且技艺精湛，但我猜想他和那时的人们一样，从未担心过石油化学产品的来源和去向问题。

今天，我们懂得更多了。我爷爷那个时代的线性思维——资源可以被开采而不是被替代，废弃物可以被丢弃而不是被回收——已经在很大程度上让位于一种更整体的思维方式。我们现在认识到需要利用可再生能源，还要对废弃物进行回收并制成新的材料。我的爷爷在苏格兰农村的山里长大，我想他应该见过自然界的循环。但他或者他的同伴们不会想到，诸如一棵树腐烂后可以成为虫子、微生物、新生植物和动物的食物之类的循环将启发人们创建一种合理的或成功的商业模式。但这已经成为现实了。

资源平衡

新的技术如废能回收可以帮助我们建立更好的工业流程，类似自然界的循环。但是，自然界并不依靠未来的技术进步来解决今天产生的问题。自然系统利用可获得的原料来进行生产，做到"物尽其用"。换句话说，我们每年向地球倾倒数万亿吨垃圾，并指望将来的人对它们加以利用，而地球则让"废弃物"如一颗腐烂的树成为滋养新生命的原料。光合作用就是一个很好的例子。地球接收来自太阳的能量，并将其转化为氧气和生命生长所需的其他原料。以一棵树为例，其生长情况要受到原料供应——阳光、水和土壤养分——的限制。通过这一系统、平衡的做法，自然界最大限度减少了废弃物，并最有效地利用了能源和其他资源。将一棵树的能量平衡与一个塑料水瓶的进行对比，就能看出，在节能方面我们还有很长的路要走。为了生产水瓶，我们将地球的不可再生能源开采出来，消耗大量能源对它进行加工，使用更多能源进行配送，而在用过一次之后就把它丢掉了。

经济学家E·F·舒马赫在许多年前就注意到，我们未能认识到自然界的"资本"——包括石油在内的储量丰富、正以惊人的速度在耗尽的资源——的价值。舒马赫称之为"自然资本"，而化石燃料就是其中一个最好的例子。"我敢肯定，没有人会否认我们把它们作为收入来看待，但事实上它们是资本"，他在《小的是美好的》一书中这样写道。如果我们把它们看作资本，"我们就会关心节能；我们应该想尽一切办法将它们的消耗速度降到最低"。如果我们认同化石燃料是资本，他补充道，我们就应该把用它们赚来的钱投入到寻找"新的生产方法和生活方式，以便脱离我们正不断加速行进而可能导致碰撞的轨道"。[5]

与舒马赫一样，朴门永续设计的提出者之一大卫·洪葛兰也认为我们应该把化石燃料和其他自然资源看作要保护的资本，而不是可以随意使用的收入。"从商业

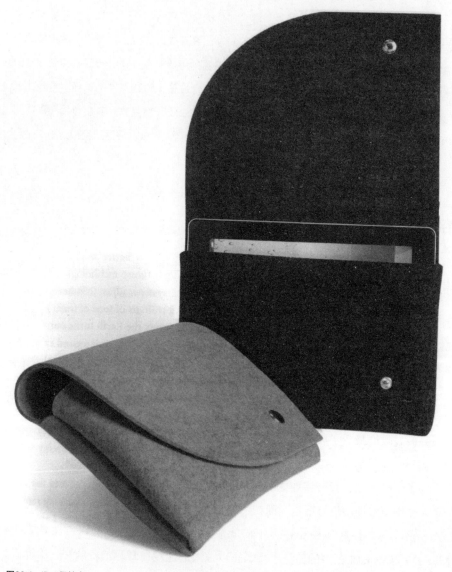

图20.4：iPad保护套

Gone Studio对iPad保护套的设计进行了优化，将废弃物、塑料含量和生产耗能减少到零。图片由Gone Studio提供；摄影：恰克·金泰尔和吉姆·巴伦。

的角度来讲"，他在《朴门永续设计的本质》一书中这样写道，"可再生资源应该被视作收入，而不可再生资源可以被当作资本资产。对任何人来说，将我们的资本资产用于维持日常生活是不可持续的"。通过从能源平衡的角度来看待资源，他注意到，我们不仅可以保护我们从地球那里继承来的自然资本，而且可以对它进行重建。"不恰当的财富观"，他指出，"导致我们忽视了捕集本地可再生能源和不可再生能源的机会。发现并利用这些机会可以为我们提供重建资本所需的能源，还能为我们提供'收入'，以满足日常需要。"像自然界那样生活，并且在能源和资源消耗与可获得的、可再生的原料之间取得平衡，这样我们就能创建富有弹性的经济和世界。[6]

模仿"量入为出"的自然系统影响的不仅是生产，还有设计。我自己的公司——Gone Studio设计的第一件作品就是典型例证。我原本打算用塑料来制作iPad保护套，就像市面上的大多数保护套那样。然后就发生了英国石油公司墨西哥湾原油泄漏事件，这让我改变了主意，我致力于让我们所有的产品都不用塑料。我选用的新材料是羊毛，它的质感、可加工性和其他特性都让设计有了变化。我还致力于让生产过程不用电，这也改变了设计。用一台脚踏缝纫机来工作促使我将需要的缝制工作量降到最低，而最大限度地减少接缝实际上增强了保护套的整体感。最后，我还决定要让Gone Studio不产生废弃物，并再利用生产过程中产生的剩余材料（即羊毛）。这又是设计的一个新变化，我还利用创新的排料软件，能够做到将保护套的形状从大的卷材上切割下来之后，剩下的边角料最少。在每一步，我都有意识地尽量减少能源和资源消耗，从而也要对设计和生产做出相应的调整。

注 释

1　Schieber, Jürgen, "Chapter 7: Self Regulating Systems—Atmospheric Gases—Greenhouse Effect," www.indiana.edu/~geol105b/1425chap7.htm

2　Clements, Benedict, et al., "Energy Subsidy Reform—Lessons and Implications," International Monetary Fund, January 28, 2013, www.imf.org/external/np/pp/eng/2013/012813.pdf; Croady, David, et al., "Petroleum Product Subsidies: Costly, Inequitable, and Rising," International Monetary Fund, February 10, 2010, www.imf.org/external/pubs/ft/spn/2010/spn1005.pdf

3　"Landfill Plastic Could Power 5m Homes, Says Report," *Environmental Leader*, October 13, 2011, www.environmentalleader.com/2011/10/13/landfill-plastic-could-power-homes-says-report/

4　Holmgren, David, *Essence of Permaculture*, www.holmgren.com.au/DLFiles/PDFs/Essence_of_PC_eBook.pdf

5　Schumacher, E.F., *Small Is Beautiful: Economics as if People Mattered*, New York: HarperPerennial, 1989.

6　Holmgren David, *Essence of Permaculture*.

第 21 章

弹性和相互依存

弹　性

因为自然界由动态的能量流组成，所以万事万物永远在变。一些变化显得很突然，而一些则很缓慢。例如，你电脑屏幕上的玻璃实际上是液体——流动极为缓慢的液体。大陆看起来好像稳如磐石，但其实是在地球上漂移，而地球本身也在空间中穿行。自然系统、植物和动物不适应，则消亡，因此它们不断进化，以适应环境。与自然界一样，人类世界也处于不断的变化之中，并且"不适应，则消亡"的法则也同样适用。

弹性是现在对适应性的一种流行说法。"弹性"，按照弹性设计研究所负责人亚历克斯•威尔逊的解释，"是对环境变化的适应能力，以及在面对压力或干扰时保持或恢复功能和活力的能力"。虽然弹性和适应性是同义词，但弹性最近还广泛用在设计上，表示对气候变化的适应性。设计弹性建筑的目的不仅是要减少能耗和碳排放，而且还要适应变化的气候。例如，海边的建筑可能要建在比海岸高的位置，以应对上升的海平面；而有的建筑则需要安装性能更高的制冷系统，以应付升高的气温。设计弹性系统的目的是通过它们的耐用性、简易性、对当地可再生或回收资源的利用，以及多样性和丰富性，来满足人类的基本需求。[1]

弹性设计之所以受到青睐，不仅因为它接受气候变化这一新的事实，还因为它采用了一种全球通用的、系统的设计方法。Lake | Flato建筑事务所为美国南密西西比大学设计的墨西哥湾沿岸研究实验室就是一个很好的例子。因为原先的实验室在2005年的卡特里娜飓风中遭到毁坏，建筑师希望在有可能经历更多大风暴的未来，依靠自然来确保弹性。他们很快注意到，项目现场的多棵树木在风暴中幸免，而建筑则损毁严重，以致无法修复。他们不仅保留了这些树，好让它们在风暴再度来临时为新实验室提供庇护，还模仿它们的根部结构建造了新实验室的基础。他们还避免在地上使用塑料如PVC和回收的塑料盖板，以防它们被大风刮走并污染墨西哥湾。[2]

通过仿生学，我们可以模仿自然系统的高效、美观和经济性，来学着建立我

图21.1：墨西哥湾沿岸研究实验室

Lake｜Flato建筑事务所为美国南密西西比大学设计的墨西哥湾沿岸研究实验室运用了弹性原则，项目现场在卡特里娜飓风侵袭后仍完好无损的树木为他们提供了启发。图片由Lake｜Flato建筑事务所提供。

们自己的系统。例如，HOK建筑事务所与仿生学3.8研究所合作，制定了一项设计策略，即吸取自然界在弹性方面的经验，并把它们录入一个弹性设计综合数据库中。它们联合发布的一份题为《生物群落的天赋》（Genius of Biome）的报告概述了本地物种是如何随着时间的流逝适应环境的，并思考它们的适应过程能够为建筑施工提供什么经验。团队在海地开展的一个试点项目——重建在2010年地震中遭到毁坏的孤儿和儿童中心——就向本地的木棉树学习。新孤儿院的设计在抗震结构上模仿这种树的分枝形式，而节能的围护结构则是模仿树皮。但这并不意味着新建筑看起来像一颗木棉树。弗兰克•劳埃德•赖特很久以前就指出，建筑的目标不是要模仿自然物的形态，而是研究它们背后的法则——如弹性法则——并把它们应用于设计领域。[3]

贝壳和蜘蛛丝中的最佳黏合剂

通过对自然界进行研究，今天的科学家和设计师正在开发新的不含石油的材料，这些材料拥有优异的特性。例如，几乎每件产品都需要某种黏合剂，而且很难找到石油基黏合剂的替代品。但是，使用由石油化学产品制成的黏合剂可能会引起人们的担忧，例如，尿素甲醛就被美国环保署列为可能的人类致癌物。通过研究骨骼、鲍鱼壳和蜘蛛丝的纳米尺度构造，美国西北大学和加州大学圣塔芭芭拉分校的研究人员揭开了自然界一些强度最高的材料的秘密。他们的研究显示，这些最佳的黏合剂将材料的各种成分黏合在一起，并且会在各种成分到达强度极限之前弯曲，从而防止整个结构断裂。"由于可以重组的弱键如氢键或离子键的存在，鲍鱼壳和骨骼可以自愈"，研究员保罗•汉斯马在接受物理组织网（PhysOrg.com）采访时这样说道。

研究人员将论文发表在《纳米技术》期刊上，其中的一些结论可能会颠覆我们对黏合剂的传统观念：

- 自然界节约利用资源：它只用很小比例（按重量计算）的黏合剂，将复合材料黏合在一起。
- 自然界不会回避空隙。
- 自然界生产具有弱键和隐藏长度的黏合剂。

他们对自然界的观察为研发人造黏合剂、具有自愈能力的材料以及强度更大、重量更轻、效率更高和成本低廉的不含石油黏合剂带来了希望。[4]

相互依存

所有这些原则——能量流、循环、能源和资源平衡以及弹性——都显示了很强的相互依存关系，这一关系在系统内部和系统之间都存在。这些系统内部、系统之间以及它们的构成要素内部、构成要素之间都存在能量流，且这些能量流互相影响；一个系统的构成要素和生产过程对另一系统的循环做出回应，并且一个系统的产出物成为另一系统的原料。就连"一个系统"这一概念都是人的一种主观构想，意在模仿不是由精心包装的"系统"组成，而是由相互重合、相互作用的能量所构成的自然界的做法。但是，当我们真的去模仿自然界的系统、构成要素和生产过程，我们就了解到它们在空间和时间上有着怎样紧密的联系。例如，今天格陵兰岛的冰川消融可能会在本世纪晚些时候威胁到佛罗里达州的住宅。

一束光，一块煤

一个夏天的早晨，我悠闲地坐在大西洋海岸的沙滩上看日出。"这是多么好的能源啊"，我心里想着。我们可以就在我们需要使用它的地方捕集它的能量，如在住宅的屋顶安装太阳能电池板，将它转化为电力，并且使用它的时候也不用担心会产生碳排放或造成污染。它的美丽和简单与陪伴我长大的化石燃料形成鲜明对比。我想起有一年的冬天，我走过一座燃煤发电厂，它过去为我教书的那所大学的建筑供暖。两辆大卡车正在卸黑煤，这些煤在雪景的映衬下格外显眼。我弯腰捡起其中的一块，它很快把我的手弄脏了，就像它把雪弄脏了一样。而让我感触极深的是我在想这一小块煤是从哪里来的以及它是如何到那里的。它被从地下开采出来，却给原本美丽的景色留下伤疤。虽然大地会在数百年内恢复它本来的面貌，但那些自然资源却是一去不复返了。它化作了一缕烟，从发电厂高耸的烟囱里排出并漂浮在空中，其中一些落在我家后院的花园里，以有毒颗粒的形式回归到土壤中，并被我种植的、给家人吃的蔬菜吸收。

而利用太阳能则不会产生类似问题。我们可以任意使用它，且没有有害的副作用，不会影响其他地方和我们的后代。煤炭和石油的开采地点通常离它们的使用地点很远，并且它们的加工和使用会对其他地方和子孙后代造成负面影响。我们应该发挥引领作用，告诉人们为他们的办公室供暖的能源是从哪里来的。让他们站在露天矿的灰色岩石之间，告诉他们这里曾经是一片森林；让他们注意看从烟囱里冒出的烟是怎样落到我们的花园、草坪、田地和溪流里的；让他们把一块脏兮兮的煤拿在手中，然后打开窗户并站在温暖的阳光下，让他们做出选择。[5]

后石油时代的设计师将对其他地方和后代人的有害影响降到最低，并提出问题，如"这个材料来自哪里？"以及"它会对我们的后代带来什么影响？"这意味着要考虑他们设计的产品全生命周期的每一个阶段——原材料获取、加工和生产、运输、使用以及再利用、循环利用或处理。他们正在证明，如果我们认真思考产品对地球上现在和未来的所有生命的影响，那么用美丽、强大和永恒的太阳能来设计产品是有可能的。

例如，在波士顿买一双胶底帆布运动鞋是否会对巴基斯坦的人民带来积极影响？第15章介绍的Ethletic运动鞋的经销商乌尔丽卡•门施给出了肯定的答案。她的公司卖的鞋不仅完全不含塑料，而且是用有机的、获得公平贸易认证的棉帆布制成鞋面，用100%天然橡胶制成鞋底。橡胶来自获得森林管理委员会（FSC）认证的可持续经营的森林，并且Ethletic还本着公平贸易的原则，支出一笔额外的费用，为它在巴基斯坦和斯里兰卡的割胶工人和生产商提供教育和医疗保健设施。"胶底帆布运动鞋背后的理念是对环境和社会负责"，门施表示。很显然，这一责任一直延伸到了地球上的其他地方和将来。[6]

这一责任感直接源于对自然界如何运作的理解。后石油时代的设计经常会用到的基于自然的原则包括：

能量流

自然界的能量流不光指的是燃料。自然界所有形式的能量呈现出循环往复、自我调节、分散和再生的特点。了解我们在这一复杂的能量网中所处的位置，我们就能够优化我们的设计和我们的产品，以与之和谐相处，而不是与之对立。

循　环

能量通常是循环流动的，一个过程产生的废弃物成为另一过程的原料，从而消除了废弃物。设计时意识到自然界的循环——甚至是最简单的循环如昼夜更替——就能够设计出更可持续的产品。

资源平衡

自然系统根据可获得的原料来安排生产。这不仅包括能源，还包括其他资源如食物和水。自然界最大限度减少了废弃物，并且是最终的回收者。通过区分能源收入和能源资本，就能对产品和生产过程进行优化，做到"收支平衡"，即根据能源收入情况对能源进行使用。例如，设计出来的产品在使用寿命结束后，可以作为新的生产过程或产品的原料。

弹　性

因为自然界由动态能量流组成，万物都处于永恒的变化之中。"不适应，则消亡"是自然界的法则，也是设计和商业必须遵循的法则。弹性是让我们的设计和产品适应环境变化的能力。许多后石油时代的设计师运用仿生学，向大自然学习，他们在树的弯曲、河床的缓慢移动或者自然系统的其他现象中都看到了弹性，并进行模仿。

相互依存

自然系统内部和自然系统之间的能量流互相影响，一个系统的构成要素和生产过程对另一系统的循环做出回应。认识到这些密切的联系，后石油时代的设计师就想做到尽量减少对其他地方和子孙后代的不利影响，并思考问题，如"这一材料从哪里来？"以及"它会怎样影响我们的后代？"

注 释

1 Logan, Katherine, "Resilient Design: 7 Lessons from Early Adopters," November 1, 2013, *Environmental Building News*, www.buildinggreen.com.

2 Ibid.

3 Ibid.; Biomimicry Group Inc. and HOK Group Inc., "Genius of Biome Report," 2013, www.hok.com/thought-leadership/genius-of-biome/

4 National Cancer Institute, "Formaldehyde and Cancer Risk," www.cancer.gov/cancertopics/factsheet/Risk/formaldehyde; Hansma, P.K., Turner, P.J., and Ruoff, R.S., "Optimized Adhesives for Strong, Lightweight, Damage-resistant, Nanocomposite Materials: New Insights from Natural Materials," *Nanotechnology*, Volume 18, 2007, 1–3, http://bucky-central.me.utexas.edu/RuoffsPDFs/Optimizedadhesives155.pdf; Zyga, Lisa, "Nature's Frugal Glues Provide Insight for Optimized Adhesives," PhysOrg.com, January 11, 2007, http://phys.org/news87722200.html

5 Elvin, George, "A Lump of Coal, a Ray of Sun," Green Technology Forum, January 30, 2011, www.greentech-forum.net/green-technology-forum/2011/1/30/a-lump-of-coal-a-ray-of-sun.html

6 Author correspondence.

第六部分

后石油时代的生活

第 22 章

后石油时代的消费者

> 无论是市政当局规定禁止使用塑料袋，还是学校提倡减少午餐浪费，人们的环境保护意识正在提升，并且个人和组织都在采取行动，以改变现状。
>
> （杰伊•辛哈，"没有塑料的生活"公司的联合创始人）[1]

个人选择

推动社会向基于自然法则的积极的、后石油时代的未来转变的不仅仅是设计师和生产商。每一年，更多的消费者、更多的政府和公共机构也加入到这个队伍中来。包括设计师、生产商、消费者和监管者在内的广泛的群体正在掀起一场声势浩大的运动。与许多运动一样，它始于个人。

平均每户美国家庭每年丢弃的塑料制品足以铺满自家的整个后院。40年后，他们会发现当他们坐上去，会深陷在塑料垃圾中。如果塑料垃圾真的被放到后院，我们看到它们堆得满地都是的样子，可能就会少用一些。但它们却堆积在我们的垃圾填埋场和海洋中。一些消费者正说出"够了"，并决定不再使用塑料制品。[2]

2010年元旦，温哥华市民塔伊纳•乌伊托清理了她的厨房和浴室里的所有塑料制品。她正在将她的新年愿望——过没有塑料的生活——付诸实施。"人们总说他们用的塑料制品不多"，她在接受《温哥华太阳报》采访时表示，"但如果你把一个星期所用的塑料制品收集起来，然后把所有塑料制品从你的厨房里拖出来，你就知道有多少了。你会大吃一惊"。乌伊托仍然过着不用塑料制品的生活，如果一些东西找不到塑料制品的替代品，她宁可不用，她还自己制作一些产品（如肥皂），并且自己亲手烹饪，她解释说，因为"杂货店中间通道两侧的货架上的商品几乎都是塑料包装的"。她甚至还跟她的男朋友分手，因为他对她说，过没有塑料的生活真是"糟透了"。

可是，她是第一个觉得得到的比失去的多的人。乌伊托说，不用塑料制品，就不会制造塑料垃圾，同时也避免了"有毒物质从塑料制品渗入我们的水体和食物"，这让她感觉好多了。她正在迎接一项更大的挑战，即在城市北边的丹曼岛上建造一座没有塑料的小屋。[3]

甩掉塑料包袱

塔伊纳·乌伊托有些不耐烦了。她已经跟宜家的店员争论了五分钟，后者坚持说，如果她不用塑料购物袋，就不能把她买的东西带走。无论她说什么，这名男店员都如鹦鹉学舌般一再重复道，"这是本店的规矩"。排在她后面的顾客已经对她怒目而视了，于是她找到这家店的经理，后者亲自将她和她买的商品护送出店，且没有用塑料袋装。

为什么这位平日里温柔随和的温哥华市民在拒绝使用塑料制品的问题上，态度会如此坚决呢？

"我总是会忘记拿车里的环保袋，而要使用塑料袋"，乌伊托说。"对此我越来越感到不安——感觉像做错了事一样——这给我带来了很大的心理负担。"

之所以会出现这样的转变，她说，是因为她去听了"五大涡流"——总部设在加利福尼亚州的一家海洋研究机构——的主管所作的关于海洋受到塑料垃圾污染的演讲。该组织的联合创始人安娜·康明斯和马库斯·埃里克森讲述了他们驾船经过五大涡流或海洋系统时的亲眼所见。

"过去几年，我们在海上航行了25000英里，看到的景象让我们意识到"，康明斯说，"这是一个全球性问题。塑料垃圾充斥着我们的社会，污染我们的溪流和河流，并被冲到海里。几乎在世界上所有海洋的海岸线上，都能看见它们。"

"这真是给了我当头一棒"，乌伊托说。"但是直到半年后，我才决定放弃使用塑料制品。"

为了实现不用塑料制品过生活的目标，她采取的首批行动之一是盘点她已经积累了多少塑料制品。"我清点了浴室和厨房里的塑料制品"，她将她的做法和盘托出，这两个房间通常包含最多塑料制品，她说她把里面所有的塑料制品都清走了。"现在，我总是建议人们要想想塑料是从哪里来的，哪些物品可以放弃不用，以及它惊人的数量。"

但是，清理她家里的塑料制品只完成了任务的一半。每天都会有塑料引起的小的争执，就像在宜家遇到的那样，并且有时抵制似乎是徒劳的。"你必须时刻保持警惕"，她说。"塑料经常会给你来个突然袭击——如有人在你点的饮料里放了一根吸管，诸如此类。你必须忠于你的信条，否则就会为了图方便而回到用塑料制品的老路上。"

但也可以对使用塑料制品的咖啡师和家具店店员进行教育。"人们用不了多久就能理解我说的了"，她表示。"有好多次，人们在听完我的演讲，得知我不用塑料制品之后，过了两个星期，他们又来找我，并说道，'我一直在想你所说的"。他们也想要做出改变，这真的是一个好消息。"

"自从我告别了塑料制品"，乌伊托继续说道，"我的开销也变少了，因为我买的东西少了，这让我能够去买质量更好的产品。我重新发现了天然材料如木材和玻璃的价值，这真的是一件美妙的事。它们摸上去更舒服，看起来更美观，而我的房子也感觉更精致了"。

乌伊托在她的博客"Plastic Manners"上分享她在离温哥华不远的丹曼岛上建房子的经验。不难想到，这座建筑没有用一点塑料，建在被她称为"天堂一角"的38英亩土地上。

她还与温哥华的19个家庭合作，帮助他们过一年不用塑料制品的生活，并且一个纪录片也在同步拍摄中。

塔伊纳·乌伊托说到做到，在拒绝让塑料制品进入她的生活的同时，她还向其他人宣传它的危险性，鼓励人们从它的束缚中解脱出来。对于我们这些用惯了塑料制品的人来说，这似乎是一项巨大的挑战，但是我们很快就意识到，我们每拒绝使用一个塑料瓶、塑料袋或塑料吸管，那么可能最终进入垃圾填埋场并渗出有毒物质，或者被海鸟或海洋鱼类误当作食物的塑料瓶、塑料袋或塑料吸管就会少一个。每一次对塑料说不，我们就向让海洋和海洋生物更健康、土壤更健康和最终你我更健康的目标又迈进了一步。[4]

图22.1：塔伊纳·乌伊托
过不用塑料制品生活的先锋塔伊纳·乌伊托在温哥华岛的海滩上收集塑料垃圾。
图片由塔伊纳·乌伊托提供；摄影：梅根·贝克。

这样的人是极端个例——致力于向世界展示不用塑料制品的生活是什么样的开路先锋。他们并不要求我们所有人都过上不用塑料制品的生活，而是证明，所有人都可以大幅削减塑料制品的使用量，且不必做出很多牺牲。替代品大量存在，并且这些不用塑料制品的先锋已经成为寻找这些替代品并与他人分享的专家了。从他们的故事中我们不难看出，为了过不用塑料制品的生活，他们的确做出了牺牲；我们在商店购买的产品，他们自己动手制作；我们在享用的很多物品，他们宁可弃而不用。但他们也分享了自己获得的一些更重要的经验。塔伊纳•乌伊托告诉《温哥华太阳报》，不用塑料制品之后，她的生活看起来没那么凌乱了，并且她买的替代品看上去和摸上去都更舒服。她的浴室就是一个很好的例子，她说她现在"只有5件东西而不是500件"。马修•斯图尔特和他的女朋友莎拉•米尔顿接受了乌伊托的挑战，要过一年不用塑料制品的生活。他们发现自己竟然亲手制作一些食品如杏仁奶，而过去他们会去商店买。"我们有很多时间一起待在厨房里"，斯图尔特注意到，"这真的是有点儿浪漫"。[5]

不用塑料制品的先锋贝丝•特里是从2007年开始改掉她的习惯的。2012年，她把不用塑料制品后的生活经历写成了一本书，题为《不用塑料制品：我是如何改掉使用塑料制品的习惯的，你也可以》。特里说，在她选择不再购买摆满超市货架的塑料包装垃圾食品之后，她吃得更健康了。她还分享了一些更深刻的体会："过不用塑料制品的生活需要提高意识、自觉行动、处处留心。在一个塑料的世界里，我们不必去想我们使用的产品从哪里来，又会往何处去。我们只是在浑浑噩噩地过日子。"很显然，当我们放弃使用塑料制品，我们就能摆脱许多东西，而石油只是其中之一。[6]

集体行动

个人的行动会对社会变革起到很强的推动作用。而通过团结合作，我们就能够让变化来得更大、更快和更持久。放眼全球，学生、家庭和投资者纷纷组成团体，将他们的个人行动提升到社区层面。世界各地的50多所大学加入了美国塑料污染联盟发起的"全球校园无塑料计划"以及许多其他的计划。例如，菲律宾圣路易斯大学的学生就开展了一个名为"无塑料星期三"的计划，规定校园里的商贩不得用塑料容器装外卖。"每一名学生、教职员工、非教职员工或者食堂的任何顾客如果想把食品打包带走，必须用他们自己的饭盒"，校学生会主席阿尔伯特•弗朗西斯•阿巴德说。顾客也可以借用餐具，但他们必须押上自己的有效证件。他们的计划是世界各地的学校和大学开展的数百个塑料减量运动的其中一个。[7]

除了校园，社区也在发动它们的成员，携手合作，以减轻塑料对他们的环境造成的影响。"无塑料夏威夷"就是一个典型例子。该团体是"由社区成员和企业主组成的联盟，意在向夏威夷的商店、学校餐厅、居民和游客宣传不用塑料制品对环境和健康的好处，以最大限度地减少岛上的塑料消耗和污染"。[8]

全球性社区也建立了起来。其中最具创新性的是"转型城镇"运动，它将基于社区的团体连接起来，形成一个全球网络。全球组织"转型网络"为社区应对气候变化和减少化石燃料供应提供支持。它的目标是让经济由依赖石油向摆脱石油转变。它的宣言是，"随着廉价能源时代（1850—2008年）迎来'石油峰值'这一拐点并让位于高价能源时代（2008—？），我们的经济和社会面临的风险越来越大。我们不能只想着打开油桶盖，并指望着有更多便宜和容易获得的能源来为我们的住宅、企业、休闲、交通、工厂和农业提供燃料"。它的目标是确保后石油时代的"弹性和幸福"。

但是，在认识到虚拟社区存在局限性之后，"转型网络"的成员又在各地建立了1000多个经过注册的"转型城镇"。纽约和伦敦等城市的"转型城镇"有数千名成员。而不列颠哥伦比亚省鲑鱼湾的"转型中的萨斯瓦普"只有十名成员。但这一主要由美洲原住民萨斯瓦普族人组成的小型社区却在努力迈向一个摆脱石油依赖的未来。"我过去很担心我的孩子有一天会跑过来对我说，'你为什么不采取一些措施？既然你看到了问题所在，为什么还听之任之？'""转型中的萨斯瓦普"的领袖凯伦•安德烈亚森说。"我现在正在做些事情——都是很小的事，但我认为，如果人们都愿意去做一些小事，最后就能带来改变。"[9, 10]

不是所有致力于减少塑料的团体都像这些"转型城镇"、学校和社区团体这样是基于特定地区的。不出意外的是，网上社区的数量正不断增加，将有着共同目标，即尽量减少塑料制品的使用，而背景、所在地和兴趣又各不相同的人们团结在一起。脸书上的社区如"别再让塑料垃圾污染海洋"、"不用塑料制品的生活"、"想想塑料以外的东西"和"塑料污染联盟"让成千上万志同道合的人走到了一起，为他们提供资源、活动、灵感，以及一个可以分享各自想法和故事的论坛。就像借助强大的社交媒体来造势的政治运动，如2012年的"阿拉伯之春"那样，互联网也可能是宣传后石油时代的一个好的渠道。

作家、教育家和环保主义者比尔•麦克吉本通过熟练和极富热情地运用一系列策略，即撰写学术文章、发表具有启发性的演讲、建立社区组织和组织公民反抗运动，成为后石油时代政治活动的领导者。在环境保护运动前线数十年的工作经历使得他将注意力首先放在石油及其近些年所带来的影响上。"我们遭遇了敌人，而那个敌人就是壳牌"，这句话出自麦克吉本在《滚石》杂志上发表的一篇题为"全球变暖的可怕新算术"的文章。他在这篇文章中引用了"碳追踪计划"智库的一份研究报告的部分内容，即世界上的化石燃料公司掌控的储量所包含的二氧化碳足以，用他的话来讲，"毁灭地球"，除非我们阻止它们开采。我们需要马上行动，他说，并且我们需要大声疾呼："快速的、革命性的变革需要发起一项运动，运动需要反抗敌人……而气候变化缺的正是敌人"。[11]

石油公司经常让自己成为全民公敌。例如，埃克森美孚公司CEO雷克斯•蒂勒森在谈到他的公司钻探页岩油的问题时这样说道，"我们现在已经快要一无所有了。我们赚不到钱"。一家平均每天净赚约1亿美元、全世界第五富有的公司的CEO居然说出这种话，真的很奇怪。[12]

从公民反抗运动到政治施压，麦克吉本相信有很多行动可以用来对抗石油巨头和气候变化。

他最新的策略强调撤资，即号召大学生要求他们学校的捐赠基金撤出对化石燃料公司的投资。其他的公共机构、投资者和养老基金，他说，也应该这么做。

生活方式的改变，麦克吉本指出，不起作用。"人们觉察到，并且他们的感觉是对的"，他说，"他们个人的行动不会对降低大气中CO_2的浓度带来决定性的影响"。但是，大学和其他公共机构撤出投资所留下的缺口总是有可能被不那么有良知的投资者填补。石油的利润太丰厚了，这使得很多投资者宁愿忽略它对环境的影响。要知道，全世界11家最富有的公司中，有3家是石油公司，它们的市值加在一起超过1万亿美元。[13]

撤出投资是否可以令化石燃料公司改变它们的所作所为，这仍然有待观察。但它已经为投资者提供了一个策略，用来阻止朴门永续设计的创始人之一比尔•莫里森所说的"带来自我毁灭的投资"。麦克吉本主张检视我们自己的投资组合和我们的石油、煤炭和天然气消耗，并尽可能放弃依靠化石燃料来牟取暴利的想法。当我们做到了这些，用莫里森的话说，我们就是在"进行自我救赎"，即将我们的基金转向对环境负责的投资。撤走投资，与其他的个人行动一道，能够帮助我们降低对化石燃料的依赖。当社区——麦克吉本不辞辛劳地工作，就是想培育这样一种氛围——里的成员团结起来，共同行动，我们就能做得更好。

图22.2：马切伊·西乌达和罗德里戈·加西亚·冈萨雷斯设计的Devebere
有时唤起人们对塑料污染问题注意的最好的工具就是塑料垃圾本身。罗德里戈·加西亚·冈萨雷斯和马切伊·西乌达用收集来的数千个用过的塑料水瓶制成他们的作品——Devebere，并举办巡回展。图片由罗德里戈·加西亚·冈萨雷斯提供。

艺 术

当环境问题引起我们的担忧，我们可以花钱对其进行治理，但有时艺术能发挥更大的作用。世界各地的艺术家正越来越多地通过他们的作品唤起人们对塑料污染问题的关注。他们之中有许多用堆满我们的水道和垃圾填埋场的废弃塑料作为他们的工具。例如，Devebere是城市里的一座"水瓶洞穴"，由马切伊·西乌达和罗德里戈·加西亚·冈萨雷斯制作，并于2012年在波兰弗罗茨瓦夫当代博物馆展出。通过将数千个用过的塑料水瓶装入大塑料袋中并抽出空气，冈萨雷斯和西乌达在城市滨水地区创建了几座大型建筑。他们的建筑作品吸引了当地人和游客，甚至还被运到欧洲其他城市展览，那些看过它的人不禁会更深入地思考全

图22.3：来自海洋的吸尘器
伊莱克斯公司从世界各地的海洋中收集塑料垃圾，并委托艺术家用收集来的塑料垃圾制作五款特别的吸尘器，每一款代表一个海洋。图片由伊莱克斯公司提供。

球塑料垃圾问题的严重性。[14]

甚至企业也可以用艺术来引起人们对它们所关心的问题的注意。家电企业伊莱克斯开展了"来自海洋的吸尘器"项目，意在唤起人们对全球再生塑料短缺问题的重视。这一项目不仅提高了人们的意识；而且在一些富有创意的艺术家的帮助下，伊莱克斯离它设定的长期可持续发展目标更近了。"伊莱克斯的愿景是用100%回收材料生产吸尘器"，伊莱克斯公司环境与可持续发展事务部副总裁塞西莉亚•诺德说；"但很难获得足够数量的高质量消费后再生塑料，因此这是一项不可能完成的任务。这个项目为我们提供了一个机会，提醒人们关注这个星球塑料管理不善的问题，以及塑料垃圾是怎样毁掉我们的海洋的。"

为了让人们更加关注这一问题，伊莱克斯公司生产的一些吸尘器使用海洋中的塑料垃圾作为表面装饰物。公司与世界各地的组织和志愿者合作，在夏威夷、泰国、法国和瑞典周边的海洋收集塑料垃圾。然后，他们用收集到的塑料垃圾制成了五款特别的吸尘器，每一款代表一个海洋。"来自海洋的吸尘器"项目也帮助伊莱克斯公司推出了新的环保系列吸尘器，由再生塑料（70%）制成。该项目也获了很多奖，包括2011年联合国与国际公共关系协会共同颁发的IPRA金奖。[15]

零售业的领导者

在要求有更多不含塑料的产品的消费者和提供这些产品的设计师和生产商之间的，是日益浓厚的后石油时代零售商文化。有的零售商提供的不含塑料的商品只是其可供挑选的环保产品的一部分。而有的提供的全部是无塑料商品。后者恪守的原则也是后石油时代的设计师和"少用塑料制品"的消费者所遵守的。但是，它们也认识到，仅有好的意愿是不足以维持企业的生存的，而它们能否成功，要取决于对不含塑料和塑料含量少的产品的日益增长的需求。

专卖不含塑料商品的商店可以在网上找到，并且这样的店会越来越多。"肥皂药房"是温哥华市民、不用塑料制品生活方式的倡导者塔伊纳•乌伊托经常光顾的一家店。虽然该店的一些肥皂、家用清洁剂和个人护理产品是装在塑料罐里的，但是散装使他们的顾客能够对容器进行反复使用（即买的时候可以自己带瓶子来装——译者注），使得数千个瓶子不会在只用了一次之后就被运往垃圾填埋场。不出意外的是，他们的产品也是可生物降解，没有应用动物试验和没有动物成分的。正如他们在自己的网站上解释的，"开办肥皂药房的原动力，是希望减少我们的塑料足迹"。位于得克萨斯州奥斯汀的杂货店In.gredients并不是非要做到所售商品都不含塑料，但是他们制订了一项零废弃物计划，包括店内商品一律不用包装，并要求他们商品的供应商也做到这一点。甚至他们从维塔尔农场批发的鸡蛋都是装在可重复使用的容器里运来的，这家农场以有机方式散养的鸡在田野里自由走动，其特色是移动围栏和让鸡在"移动鸡舍"里下蛋。[16]

销售不含塑料产品的零售商不只是卖商品。例如，肥皂药房还开设多个主题的工作坊，如治疗过敏、堆肥和自制化妆品。In.gredients为社区活动、演出和志愿者计划提供赞助。两家店都开了博客，用肥皂药房的话来说就是，分享它们对"少用塑料制品的生活方式"的理解。它们意识到，人在全球变革中起关键作用。正如In.gredients在其网站上解释的，"我们的商业模式并不是能给食品包装工业带来巨大改变的'灵丹妙药'。但是，我们希望教育我们的社区，只需对生活方式做出一些简单的改变，就能够减少废弃物和促进健康生活"。

有的零售商专注网上社区。塑料污染联盟的网上商店"塑料解药"提供数百件不含塑料的产品，如用瓶盖制成的碗、用回收报纸制成的手提包，甚至还有一个"无塑料套装"，包括不锈钢水瓶、不锈钢吸管和用再生PET制成的塑料餐具。"没有塑料的生活"公司从2006年起就一直在为网上的顾客提供"完全不含塑料的产品"。

对塑料说不

生活中不用塑料制品的塔伊纳·乌伊托与人们分享了少用塑料制品的小贴士：

- 尽可能买散装的商品，并用纸袋子装农产品。

- 买肉和奶酪的时候带上天然蜡纸。要一份还没有包装的，并用你的纸把它包起来。

- 如果要用保鲜膜，试着用可以重复使用的蜂蜡布，它是将棉麻布在蜂蜡液中浸泡而制成的。

- 带上布制购物袋，或者向店员要纸袋或可堆肥塑料袋。

- 不买方便食品——用新鲜食材烹饪。如果你一定要买预制食品，买罐装的，并在家里对罐子进行再利用。

- 用可多次灌装的瓶子和餐盒买散装的葡萄酒和啤酒。或者自制啤酒和葡萄酒，也用可多次灌装的瓶子装。

- 买金属制的多层餐盒（在亚洲和非洲广泛使用），并经常光顾那些把它们装满的餐厅。

- 带上你自己的陶瓷咖啡杯，不用塑料搅拌棒。

- 一些肥皂、洗发水和清洁剂可以买散装的。找纸包装的卫生棉条或者用Luna Pads（Luna Pads公司生产的可重复使用的卫生巾或卫生护垫——译者注）。自己制作化妆品。

- 循环利用金属、玻璃和纸，并对丢弃食物进行堆肥处理——你就不会再有这么多垃圾，也很少要用到垃圾袋了。[17]

没有塑料的生活

2006年，尚塔尔·普拉蒙登和她的丈夫杰伊·辛哈创办了网上零售公司——没有塑料的生活，"目的是帮助人类，包括地球，减少对塑料的依赖"。

基于让产品不含某种物质的想法来开店的人不是很多。是什么促使你开设"没有塑料的生活"这家店的？

我们创建"没有塑料的生活"这家公司的灵感来自很多方面。我们俩都对拯救和重视环境以及健康生活感兴趣。我们的儿子也是一个很大的影响因素。他现在已经10岁了，并且他是我们开办这家企业的主要动力。在他出生之前，我们开始对环境中的有毒物质进行研究，并发现从塑料制品中渗出的化学物质会导致内分泌失调，于是我们就想买不含塑料的水瓶和玻璃奶瓶。我们四处寻找不锈钢瓶子，而在市面上只能找到Klean Kanteen生产的，那时它是加利福尼亚州一家很小的合作社。我们订购了一个，试用之后就喜欢上了它。

我们的儿子出生后，尚塔尔用母乳喂养，但是我们需要用瓶子装母乳。我们对从塑料制品中渗出的内分泌干扰素研究和了解得越多，一想到这么小的婴儿要喝塑料奶瓶里的奶，我们就越感到不安。消费品中最常见的内分泌干扰素与雌性激素极为相似，可能影响发育，并且有些如双酚A和邻苯二甲酸酯被指与某些癌症有关。我们到处找都找不到玻璃瓶——那一年是2003年。最后，我们无意中得知俄亥俄州的婴福乐公司还在生产玻璃瓶。当然，玻璃瓶在30多年前还是很普及的。我们联系了婴福乐公司，他们很乐意把玻璃瓶卖给我们，但他们只做批发生意，因此最少要买1000个才行！这使我们开始认真思考。可以说这是灵光一现的时刻。我们知道，有越来越多的人正在寻找塑料制品的安全替代品。2006年，我们开办了"没有塑料的生活"公司，卖玻璃奶瓶、不锈钢水瓶和我们的首批不锈钢食品容器。

我对尚塔尔的温达特血统感到好奇，想知道它是如何影响你们的工作的。

尚塔尔的休伦－温达特血统影响了她整个的人生观，即强调拯救环境和用整体方法看待任何事物，这无疑会影响她在"没有塑料的生活"公司的工作。潜移默化传递给她的观念是要对自然和天然材料保持深深的敬畏。我们需要的任何东西都能在自然界中找到。没有必要再去创造那些会带来污染和产生有毒物质而不是可以自然生物降解的人造物。土著人生活在离大自然很近的地方，并且他们之中的很多人仍然在这样做。他们直接从自然界获取他们所需的一切。这是一群强大的、靠自然来维持生命的人。

杰伊有生物化学和生态毒理学的专业背景。这是如何影响你们的工作的？

因为我们对我们自己的许多产品进行了测试，了解测试背后的科学让我们能够自信地说，我们的产品确实是安全的。我们卖的所有商品我们在日常生活中都用过，因此我们的测试还包括使用我们自己的产品，以确保它们的实用性、质量和耐用性。如果我们不相信它们是安全的，我们就不会使用它们，当然也就不会把它们卖给顾客。

你们能够做到运输也不用塑料吗？

图22.4："没有塑料的生活"公司的创办者尚塔尔·普拉蒙登和杰伊·辛哈
尚塔尔·普拉蒙登和她的丈夫——杰伊·辛哈于2006年创办了"没有塑料的生活"，这是一家网上零售商店，为石油化学产品寻找替代品。图片由"没有塑料的生活"公司提供；摄影：迈克·比戴尔。

当然可以。从一开始这就是我们优先考虑的一个关键问题。我们用最少的包装把产品牢牢包好，并尽可能使用回收材料，如报纸。收到的所有盒子我们要么再利用，要么对有些不能用的进行循环利用。包装材料是纸、纤维素填充物或玉米淀粉做的填充颗粒。胶带是纸质胶带，或者如果需要用透明胶带，就是纤维素胶带。包装是制造塑料污染和不可回收塑料垃圾的"元凶"之一。此外，如果我们提供的是极好的不含塑料的产品，而在运送的时候又用塑料包装，岂不是很奇怪？

你们怎么知道你们的计划成功了呢？

我们知道我们的努力没有白费，是因为各地的人们日益关注塑料引起的健康和环境问题。现在，世界各地已经有很多人参与到这项蓬勃发展的运动中，我们只是其中很小的一部分。塑料污染正日益成为主流媒体关注的问题。各地兴起的有组织的行动从不同角度应对塑料问题，这让我们备受激励和鼓舞。无论是对塑料袋实施禁令的市政当局，还是提倡减少午餐浪费的学校，人们的环保意识正在提高，并且个人和组织都在采取行动，以改变现状。这也促使越来越多的企业、非政府组织、政府和社区结成了令人振奋的伙伴关系。[18]

高呼"不用塑料"口号的运动似乎正在积聚动力。自从谷歌公司2007年开始追踪含有"不用塑料"一词的标题以来，其数量已经增长了33%。这表明，人们对所有不含塑料的东西，包括商品，越来越感兴趣。随着需求的增长，未来提供这类商品的零售商会如何变化和发展呢？先行者及其追随者如"少用塑料制品的生活"的队伍有望继续壮大，但是，不要指望一下子会冒出很多专卖不含塑料产品的零售商。原因是，不含塑料的产品很可能逐渐被添加到所有零售商的产品目录中。在这点上，它们将经历与绿色建筑产品一样的发展轨迹。十年前，售卖绿色建筑产品的商店在全国各地如雨后春笋般涌现出来。现在，你那个地方的五金店就有数量充足的绿色建筑产品供应。类似地，不含塑料的产品可能也会被每位零售商列入产品清单。

注 释

1   Author interview.

2   U.S. Environmental Protection Agency, "Municipal Solid Waste Generation, Recycling, and Disposal in the United States: Facts and Figures for 2011," Report, www.epa.gov/osw/nonhaz/municipal/pubs/MSWcharacterization_508_053113_fs.pdf; Cornell Lab of Ornithology, "The Average American Yard," 2011, http://content.yardmap.org/explore/the-average-american-yard/; Executive Office of Energy and Environmental Affairs, State of Massachusetts, "Volume-to-Weight Conversions for Recyclable Materials," www.mass.gov/dep/recycle/approvals/dsconv.pdf

3   Shore, Randy, "Her Life without Plastic Is Harder than You'd Think," *Vancouver Sun*, October 7, 2013, http://blogs.vancouversun.com/2013/10/07/her-life-without-plastic-is-harder-than-youd-think/

4   Author interview.

5   Ibid.

6   Terry, Beth, *Plastic-Free: How I Kicked the Plastic Habit and How You Can Too*, New York: Skyhorse Publishing, 2012.

7   "Plastic Free Campuses," Plastic Pollution Coalition, 2010, http://plasticpollutioncoalition.org/projects/plastic-free-campuses/; Elvin, George, "Students start Plastic-Free Wednesdays campaign," Green Technology Forum, http://gelvin.squarespace.com/green-technology-forum/2012/4/26/students-start-plastic-free-wednesdays-campaign.html

8   "About Plastic Free Hawai'I," http://kokuahawaiifoundation.org/pfh

9   Transition Network, www.transitionnetwork.org

10   Wickett, Martha, "Trying to Beat the Oil Addiction," *Salmon Arm Observer*, January 4, 2012, www.saobserver.net/news/136668433.html

11   McKibben, Bill, "Global Warming's Terrifying New Math," *Rolling Stone* online, July 19, 2012, www.rollingstone.com/politics/news/global-warmings-terrifying-new-math-20120719#ixzz2A1oGcePd

12   Dicolo, Jerry, "Exxon: 'Losing Our Shirts' on Natural Gas," *Wall Street Journal* online, June 27, 2012, http://online.wsj.com/article/SB10001424052702303561504577492501026260464.html

13   "The World's Biggest Public Companies," Forbes, 2014, www.forbes.com/global2000/list/

14   Devebere, 2014, http://cargocollective.com/devebere

15   "Electrolux and Vac from the Sea awarded by United Nations," Electrolux, October 27, 2011, http://group.electrolux.com/en/electrolux-and-vac-from-the-sea-awarded-by-united-nations-12115/

16   Plastic Pollution Coalition, "Plastic Antidote," http://plasticantidote.com/; In.gredients, http://in.gredients.com; The Soap Dispensary, http://thesoapdispensary.com/

17   Shore, "Her Life without Plastic Is Harder than You'd Think."

18   Author interview.

第 23 章

法规和激励措施

法 规

> 向清洁能源转变要想最终实现，唯一的方法只能是建立新的规则……这需要私人机构的投资，以帮助人类走向一个低碳的未来。
>
> （黛博拉•戈登，卡内基基金会能源与气候计划高级经理）[1]

个人和集体的行动"自下而上"地创造了消费者对少用塑料和石油的产品的强劲需求。但有时仅有自下而上的需求还不够。举例来说，我们所有人都想少用汽油，但是，如果没有自上而下的限速措施，许多人还是会继续开快车，并使用更多汽油。当自下而上的个人和集体行动未能实现公共利益，政府通常会介入，并迫使人们改变行为。甚至早在1300年，英国国王就禁止在伦敦用煤，因为"煤燃烧产生的烟特别污染空气，且非常有损健康"。当这一禁令未能奏效，"政府又发布了一项任务，目的是确定谁在城市及其街区里燃烧海运煤，如果是初犯，就处以罚款；如果再犯，就拆毁它们的锅炉"。但这项措施也没有效，以至于政府不得不制定一项法律，规定将烧煤者处以死刑。只执行了一例死刑后，伦敦就再没有人烧煤了。[2]

虽然我们不可能看到有人因使用塑料或石油而被执行死刑，但是欧洲的一些政府正在制定极其强硬的法规，限制甚至终结它们的使用。例如，德国正在采取积极的方法，利用税收和私人投资激励措施来摆脱对煤和石油的依赖。该国的"能源转型"计划鼓励私人机构投资于可再生能源，并以向每位市民征收电费附加费方式对其进行补贴。到2040年，当美国计划其能源中只有16%来自可再生能源，而得益于这项计划的开展，德国预计其有66%的能源来自可再生能源。虽然附加费现在提高了电费，但大多数德国人把这视作对未来的投资。

Agora Energiewende的主管赖纳•巴克解释道："德国开展能源转型计划的目的不是要破坏它的经济——恰恰相反——我们看到了好处。许多人意识到这是一个绝佳的机遇并进入这一行业，成为第一批'吃螃蟹的'，他们不仅在德国销售技术，还把技术卖到了其他国家。"美国公共广播公司记者里克•卡尔问巴克，有什么建议可以给到他的美国同行。"总有一天"，他回答道，"我们要转向使用可再生能源，因此问题是，你是想成为先行者中的一员——你是想站到用未来的能源发电的国家一边——还是想靠老的化石系统再支撑个几十年？"世界上的许多其他国家也展开了类似的雄心勃勃的计划，以尽早摆脱对石油和其他化石燃料的依赖。[3]

至于塑料，许多国家也正在减少它的使用。欧盟正考虑出台一项禁令，禁止在化妆品中使用塑料微粒。在荷兰，该行业已经主动提出，到2015年，80%的塑料微粒要用其他材料代替。这些存在于磨砂洁面乳、洗浴用品甚至牙膏中的极小的、不能生物降解的塑料颗粒特别值得关注，因为它们通常最终会进入水道。在那里，它们可能吸收有毒物质，并被鱼类和海洋野生动物吞食，然后沿着食物链一级级向上传导。[4]

在美国，加利福尼亚州正考虑制定法律，它认为这样做，到2025年，可以将海洋中的塑料垃圾减少95%。州议会众议院议员马克•斯通和本•胡埃索提出一项议案，即设定严格的塑料减量目标，并要求制造塑料污染的生产商在明确规定的期限内做到。生产商如何达到要求由它们自己决定，但是这可以包括一切措施，从改进产品设计，到帮助提高回收利用率。这一议案希望通过减少废弃物管理、垃圾清理和回收成本，为纳税人和当地政府省钱。[5]

禁止使用塑料袋

为什么你要用一种基本上会永远存在的材料来生产你只会用几分钟的东西，然后就把它扔掉？

（电影《放弃使用塑料》的主演杰布•贝里尔）[6]

如果为减少塑料污染而制定的法律列出了一份"要犯通缉名单"，那么"头号通缉犯"将是一次性塑料购物袋。全世界大部分禁用塑料的法律重点针对这些塑料袋。加利福尼亚州规定在全州范围内禁止使用塑料袋，这样做不仅是出于环保的考虑，而且还有经济上的考量。该州每年花费超过3000万美元清理街上随地乱扔的塑料袋并把它们运到垃圾填埋场。仅圣何塞市每年就要花约100万美元维修被塑料袋堵住的回收设备。[7]

尽管花了这么多钱，我们还总以为塑料购物袋是"免费的"，因为大多数商店不对它们单独收费。但其实它们是要收费的。食品杂货店每提供一个塑料袋，就会在食品价格上增加2～5美分。对于我们每个人来说，每年总共要多花17～30美元。[8]

　　塑料袋禁令正在美国迅速传开，洛杉矶、旧金山、奥斯汀、西雅图、波特兰、长滩和许多其他城市已经禁止使用塑料袋。加利福尼亚州的塑料购物袋禁令于2015年开始实施。但是，塑料袋生产商极力反对这项禁令。当加州州长杰里•布朗签字批准禁令，使其成为法律后，一个公民投票委员会随即成立，希望将它废止。该委员会仅有一个成员来自加州，即塑料袋生产商Durabag。其他四个成员分别是来得克萨斯州的Superbag公司、来自南卡罗来纳州的Hilex Poly公司、来自密西西比州的Heritage Plastics公司和新泽西州的台塑美国公司。根据《沙加缅度蜂报》的说法，"其他州的塑料生产商为了阻挠加州新签署的一次性塑料袋禁令实施，在公投运动上投入了100多万元资金"。[9]

　　"夏威夷是第一个规定其所有县都禁止使用塑料袋的州"，冲浪者基金会在夏威夷的协调员斯图亚特•科尔曼注意到。檀香山市市长柯克•考德威尔补充道，"现在整个岛都将看不到塑料袋了，我认为这是非常重要的，因为我们四面环水，而这些袋子被风吹得到处都是"。2014年，该市又规定，可生物降解的塑料袋不受禁令的限制，可以继续销售。但立法者担心，如果塑料袋只含有少量可生物降解的材料，或者含有的可生物降解的材料在某些情况下不能很快分解，仍然会污染该州的海岸。给予更明确界定和规定的可堆肥塑料袋仍被允许使用。[10]

　　在其他国家，德里于2009年禁止使用塑料袋，但是，在反复提醒却未能阻止居民对它们的使用之后，违反禁令的人现在会被判处七年有期徒刑。许多国家也颁布了禁令，包括意大利和中国，后者估计，禁令实施的第一年，它可以节省400亿美元。欧盟目前正在仔细考虑立法，这项法律可以将塑料袋的使用削减80%，而法国于2014年开始将塑料袋纳入其"污染活动一般税"的征收范围。爱尔兰走在了许多国家的前面，该国2002年就对塑料袋使用征税，从而使消耗量减少了90%。[11]

　　随着全球塑料袋的产量超过了每分钟100万个，禁令和税收的广泛采用可以大幅减少石油消耗、碳排放和塑料污染。例如，澳大利亚的一项研究发现，由使用一次性塑料购物袋转向使用可反复使用的购物袋，该国每年可减少二氧化碳排放量42000多吨。[12]

产品透明度

塑料袋禁用令和税收法律不是减少塑料消耗的唯一方法。最为可行的做法之一是打造"产品透明度"。它的意思是让消费者知道产品的成分和影响——有点像产品的营养成分标签。随着这一消费信息新趋势的显现，也出现了多个不同的版本，包括产品环境声明、产品成分报告和产品健康声明。所有这些都是公示的方法，意在让公众知晓产品的成分和它们在全生命周期内的环境影响。与食品营养成分标签不同的是，它们目前是自愿公开的。但这并不意味着它们不会对消费者未来的产品选择和设计师未来的材料选择产生很大的影响。

例如，美国开发的绿色建筑评估体系"能源与环境设计先锋"（LEED）正在将产品环境声明列为一项评价指标，使用者可以用此来为他们的项目挣分，以获得绿色建筑认证。虽然法律并没有对LEED认证做出强制规定，但更多的市政当局正要求其管辖区域内的建筑获得此项认证。

产品透明度应用的兴起将要求生产商公开它们产品的成分，因为消费者有权知道他们购买的商品里含有什么东西。未来的产品透明度报告甚至可能包括化学成分清单或化学成分危害评价。这可能是一些塑料制品生产商特别担忧的，因为消费者可能怕买到据称含有毒成分的塑料制品。

但是，产品透明度报告将使那些无毒、原料可持续采集、可减少温室气体排放、用可再生能源生产和产生最少废弃物的产品受益。一些生产商正在将产品透明度报告作为一种营销工具。例如，美国无纺布工业协会（INDA）正在运用环境绩效报告来展示一些产品的可持续性，包括服装、包装以及含塑料和不含塑料的各种消费品。按照INDA主席戴夫•鲁塞的说法，"设计更环保的产品对所有行业来说都变得越来越重要。无纺布工业的原材料供应商、卷材供应商、最终产品和工艺设备生产商都要跟上这一趋势，编制和展示它们产品的环境绩效报告"。该协会正在用Sustainable Minds公司开发的全生命周期评价软件来衡量其产品的环境绩效。评价结果的重要性在于，不仅帮助消费者了解他们购买的产品对环境的影响，而且可以改进这些产品的设计。[13]

Sustainable Minds公司的联合创始人特里•斯瓦克将全生命周期评价（LCA）视为绿色产品设计的重要指针，而不仅仅是营销的噱头。"设计更环保的产品"，她说，"首先要做的是在设计过程一开始就考虑产品的全生命周期。而不再仅仅是设计人工制品这么简单。当我们考虑产品的全生命周期，设计要做的工作就多得多了"。[14]

随着设计师越来越多地用产品全生命周期影响评价来指导设计，并且消费者从更严格的产品标签上了解到这些影响，这是否意味着我们的产品中所含的塑料变少了？绿色建筑领域对这个问题的关注超过了以往任何时候，这是因为绿色评估体系如LEED和2030 Challenge For Products要求对建筑产品的成分进行越来越仔细的检查。对产品透明度的要求很可能从建筑产品传到消费品。如果真是这样的话，一些塑料制品的售价可能要高于其他的塑料制品，但是消费者将能更好地了解他们购买的产品的成分和它们在全生命周期内的影响。

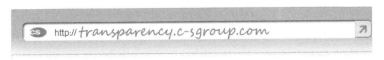

建筑产品透明度标签
这一在线标签是对产品成分的声明，突出了关键的生命周期信息和可能对人体健康带来的影响。它力求全面、高度相关、经得起检验，并随着产品和过程的变化而逐步改进。

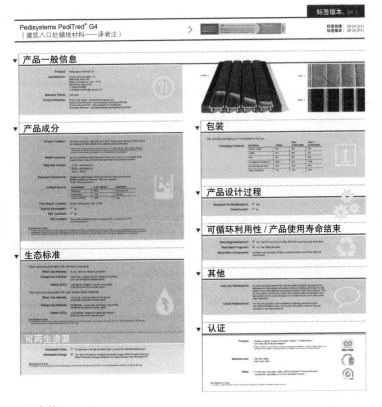

图23.1：产品透明度标签
产品透明度标签，"产品的营养成分标签"，为消费者提供了他们所购产品的成分和全生命周期环境影响的关键信息。图片由Construction Specialties公司提供。

重新将塑料垃圾列为危险废弃物

来自北美洲、欧洲和亚洲的十位科学家在《自然》杂志上发表文章，呼吁各国政府重新将危害最大的塑料垃圾列为危险品。目前，大多数国家将塑料列为固体废弃物，而文章作者认为，这种归类忽视了科学证据，即塑料碎片含有很多毒性极强的污染物。"我们认为如果各个国家把危害最大的塑料列为危险品"，他们写道，"它们的环境署将有权力修复受影响的场地，并防止更多危险碎片累积。最终，这一做法可以促进对新聚合物的研究，并用更安全的材料来代替问题最大的材料"。翻开历史的其中一页，文章作者用人们认为有史以来最成功的国际环境协定来为他们的建议提供佐证：1989年签署的《蒙特利尔议定书》将氯氟烃列为危险废弃物。这一全球协定使氯氟烃生产在七年时间内停止了。

有四种危害最大的塑料是作者希望马上重新分类的，包括聚氯乙烯（PVC）、聚苯乙烯、聚氨酯和聚碳酸酯。"我们认为"，他们总结道，"塑料碎片的物理危险性已经得到确认了，并且人们对其化学危险性也表达了充分的担忧，最大的塑料垃圾制造者——美国、欧洲和中国——必须马上行动"。[15]

产品透明度和消费者意识的提高正在影响生产。其中一个迹象是对"生产者延伸责任"日益增长的需求。"生产者延伸责任"（EPR）是指生产者应承担的责任要延伸到产品生命周期的"结束"——再利用、处理或循环利用。这意味着要认识到任何物质都不会消失，并且所有产品和它们的构成要素在我们把它们丢弃后会影响环境和我们的健康。美国目前有超过75个EPR相关法律在实施，如加利福尼亚州2010年《地毯管理法案》就要求地毯零售商帮助回收用过的地毯，这样它们再不会被送到垃圾填埋场。

其他国家有更严格的EPR相关法律。例如，欧盟的《包装指令》规定产品生产商必须对它们的消费后包装废弃物进行回收。美国有近1/3的市政固体废弃物是包装，如果实施这样的法律，必将产生深远的影响，可能每年有1000多万吨塑料不用再送到垃圾填埋场处理了。[16]

注　释

1　Gordon, Deborah, "Understanding Unconventional Oil," Report, Carnegie Endowment, Washington, DC, 2012, http://carnegieendowment.org/files/unconventional_oil.pdf

2　Tomlinson, Charles, *A Rudimentary Treatise on Warming and Ventilation*, London: John Weale Architectural Library, 1850, http://books.google.com/books?id=v0o1AAAAMAAJ&pg=PA63&lpg=PA63&dq=1306+l ondon+executed+coal&source=bl&ots=c5KcilQpnj&sig=9y607EnUSoFpx5FKN-8TbRr7sQc&hl=en&s a=X&ei=fPGcUqzXLum6yAH1soDIDg&ved=0CD4Q6AEwAg#v=snippet&q=executed%2C%20for%20 burning%20sea-coal%20in%20London&f=false

3　Ponsott, Elisabeth, "Will Germany Banish Fossil Fuels before the U.S.?" Grist, January 23, 2013, http:// grist.org/climate-energy/will-germany-banish-fossil-fuels-before-the-u-s/?utm_campaign=daily&utm_ medium=email&utm_source=newsletter&utm_content=headline

4　"Lower House Finds Micro Plastics in Cosmetics Unacceptable!" Plastic Soup Foundation, http://plasticsoup-foundation.org/geen-categorie/tweede-kamer-vindt-microplastics-in-cosmetica-onaanvaardbaar/

5　Monroe, Leila, "Can We Keep Plastic Pollution Out of Our Oceans?" Natural Resources Defense Council Staff Blog, April 15, 2013, http://switchboard.nrdc.org/blogs/lmonroe/can_we_keep_plastic_pollution. html?utm_source=fb&utm_medium=post&utm_campaign=blog

6　Beraza, Suzan, "Bag It: Is Your Life Too Plastic?" Film, 2011, www.bagitmovie.com/

7　Monroe, Leila, "Can We Keep Plastic Pollution Out of Our Oceans?"; "Should Cities Ban Plastic Bags?" *Wall Street Journal* online, October 8, 2012, http://online.wsj.com/article/SB10000872396390444165804578006832 478712400.html

8　Ibid.

9　White, Jeremy, "Plastic Industry Gives $1.2 Million to Repeal Bag Ban," Sacramento Bee, October 22, 2014, www.sacbee.com/news/politics-government/capitol-alert/article3228336.html#storylink=cpy

10　Joaquin, Tannya, "Mayor Caldwell Signs Amended Plastic Bag Ban Bill," Hawaii News Now, September 26, 2014, www.hawaiinewsnow.com/story/26628087/mayor-caldwell-signs-amended-plastic-ban-bill

11　"Plastic Bags Taxed from 2014," Service-Public.fr, November 21, 2013, www.service-public.fr/professionnels-entreprises/actualites/00768.html; "Delhi's New Plastic Bag Ban Carries Stiff Penalties," Environmental News Service, September 12, 2012, http://plasticbagbanreport.com/delhis-new-plastic-bag-ban-carries-stiff-penalties/?utm_source=feedburner&utm_medium=email&utm_campaign=Feed%3A+PlasticBagBanReport+ %28Plastic+Bag+Ban+Report%29

12　Dilli, Rae, "Comparison of Existing Life Cycle Analysis of Shopping Bag Alternatives," Sustainability Victoria, April 18, 2007, www.zerowaste.sa.gov.au/upload/resources/publications/plastic-bag-phase-out/LCA_ shopping_bags_full_report[2]_2.pdf

13　"About Nonwovens," Association of the Nonwoven Fabrics Industry, www.inda.org/about-nonwovens/

14　"Transparency", Perkins + Will, 2014, http://transparency.perkinswill.com/default.cshtml?url=/main; "Building Product Transparency Label," Construction Specialties, 2014, http://transparency.c-sgroup.com/; "Sustainable Minds Eco-concept Modeling & LCA Demo," December 17, 2009, www.sustainableminds.com/ watch-the-demo

15　Rochman, Chelsea, Browne, Mark, Halpern, Benjamin, Hentschel, Brian, Hoh, Eunha, Karapanagioti, Hrissi, et al., "Policy: Classify Plastic Waste as Hazardous," *Nature*, Volume 494, February 13, 2013, 169–171, http:// www.nature.com/nature/journal/v494/n7436/full/494169a.html; Weiss, Kenneth R., "Some Plastics Should Be Classified as Hazardous, Scientists Say," *Los Angeles Times* online, February 13, 2013, http://articles.latimes. com/2013/feb/13/science/la-sci-sn-some-plastics-should-be-classified-as-hazardous-scientists-say-20130212

16 Pearson, Candace, "Waiting for Take-Back Programs for Building Materials," *Environmental Building News*, November 1, 2013, http://buildinggreen.com; Caliendo, Heather, "EPR Laws Continue to Spread," *Plastics Today*, February 10, 2012, www.plasticstoday.com/articles/EPR-laws-continue-to-spread-0210201201; Monier, Véronique, et al., "Development of Guidance on Extended Producer Responsibility (EPR)," Report to the European Commission, Bio Intelligence Service, 2014, http://epr.eu-smr.eu/introduction; U.S. Environmental Protection Agency, "Plastics," www.epa.gov/osw/conserve/materials/plastics.htm

第 24 章

后石油时代的设计面临的挑战

环境挑战

在经历任何转型时，我们面临的挑战通常是反对，因此我在这一章以问与答的形式来解疑释惑。

天然材料真的比石化材料环保吗？

不是所有塑料都有害，也不是所有天然材料都无害。后石油时代设计的目标是使用最好和最有益于健康的材料、能源和生产流程，并以前瞻的眼光来看待一个简单的事实，即总有一天，我们必须不用石油来生产我们的产品，而这一天可能比我们想象的更快到来。就像前几章所指出的，许多石化塑料制品的确含有毒物质，如果使用它们，会危害我们的健康，而它们在生产过程中和处理之后会污染土壤、水和空气。并且所有石化塑料毫无疑问都是不可再生的，因为它们来自化石燃料。

随着石油的耗尽和可再生原料使用的增加，我们需要将更多的注意力放到我们的产品对环境和健康的影响上。例如，如果我们用棉布来代替今天所有的聚酯织物，而又不改变棉花的种植方式，我们可能面临可怕的环境危机。棉花的种植可以不喷洒有害的杀虫剂，也可以不必单一种植，但通常来说事实并非如此。我们需要寻找新的和富有创意的方法，以对环境危害最小的方式来生产大量的天然材料。这是可以做到的，许多地方也已经在这样做了，并且也必须这样做，以取代我们的石化原料，因为石油快要用完了。

转向使用生物塑料和天然材料难道不会切断我们的食品供应和侵占我们的耕地吗？

就像前面提到的，生物塑料的原料种植所占用的土地还不到全世界农用地总面积的0.001%。等到生物塑料成为塑料的主要形式的时候，它们的更多原料将来自非食品原料——农业废弃物如玉米秸秆，以及不适于食用的原料如水藻和柳枝稷。至于天然原料如棉、羊毛、木材和栓皮软木，主要的问题不是我们是否可以种植足够数量来代替石油基塑料，而是我们是否可以可持续地种植它们。可持续地种植和采收是一个复杂的问题，在这里不能充分地探讨，但是明智的做法是我们为之设定目标，不是非要实现完美的可持续发展的抽象理想，而是要消除石油和塑料加工对环境的影响，这些影响被证明是确实存在的。此外，纳米技术和生物技术，如果应用得当，可以帮助我们最大限度地减少天然原料的使用。这些技术已经在应用了，如将天然柳枝稷转化为生物塑料生产"工厂"。但是，有一些涉及环境和伦理道德的问题必须解决。[1]

社会和经济挑战

考虑到我们目前对石油的依赖，转向使用后石油时代的材料和能源会不会是一项异常艰巨的任务？

目前全世界的经济基础设施都依赖石油，但这是不可持续的。一致的意见是，到本世纪末，剩余的石油将会变得非常昂贵，以至于不再适合日常使用。我们别无他法，只能寻找替代材料和能源，无论我们对石油对环境和健康的影响究竟持何种态度。但是，为什么要等到本世纪末，当突如其来和意料之外的石油耗尽可能毁掉我们的经济？正如我们在这本书中所看到的，许多设计师、生产商、材料供应商和零售商已经在践行后石油时代的理念。并且有数百万消费者也渴望消除石油对环境和健康造成的负面影响。

但是，平稳过渡需要的不仅仅是一场设计运动或消费者需求的转变。以石油为基础的基础设施层面的变革将需要政府的帮助。虽然怀疑论者可能认为，政府一定不会很快启动改革，但是全球向使用可再生能源转变，正是大规模政府合作的一个例子，虽然相对于转型的迫切性来说，这一进程还比较缓慢。就像政府正致力于将电网改造成可接入可再生能源的新的"智能电网"，我们也要转变设计、生产和商业基础设施，以迎接后石油时代的到来，这不仅是可能的，而且是绕不开的。

一些产品的生产还是需要用到塑料的吧？

塑料的一些性能特点其他材料也可以有，但是价格会比较高。不过，石油供应的枯竭会改变这一现状。随着用于生产塑料的石油变得越来越稀缺和越来越贵，生物塑料和其他替代材料将拥有更多的市场。塑料生产商意识到了这一点，并且有许多已经在开发植物基塑料了。就目前来说，我们应该省着点用，把石油用于塑料的最高端用途——医用植入片、航空工程、先进的电子产品——而不是把它浪费在每分钟生产100万个的一次性塑料袋上。

设计挑战

后石油时代的设计对设计师提出了什么挑战？

虽然本书介绍的设计师非常擅长用不含石油的材料来进行设计和生产，但大多数设计师还是缺乏这一领域的专业知识。要解决这一问题，最好的方法是接受教育。后石油时代设计的教育很有可能分成三个阶段。第一，后石油时代的设计师已经在率先垂范了。虽然本书介绍了其中一些最富有创意的设计师，但其实还有更多，并且他们的数量正日益增长。随着他们的数量的增加，他们在工作中也将能够获得更多的资源。随着整个社会越来越积极主动地应对石油耗尽的问题，相关的书籍、博客、演讲和组织也将继续涌现，为那些寻求更多知识的人指路。最后，在不久的将来，正规教育将教学生们准备在后石油时代的设计、生产和商业中发挥引领作用，并且这些教育也会教所有学生为后石油时代的生活做好心理准备。

后石油时代的设计对生产商提出了什么挑战？

随着我们减少使用石油，我们的以石油为基础的经济将经历阵痛期，生产商也是如此。我们已经看到一些例子了，如随着化石燃料供电电费的日益上涨，许多企业已经有些力不从心了，但如果转向使用可再生能源，高额的初始投资又让它们望而却步。材料也面临类似的两难问题；环保材料的价格可能高于不太环保的材料，但大部分消费者想买的却是既环保又廉价的产品。生产商不太可能解决经济基础设施不平衡的问题，即一些有害材料比它们的环保竞品便宜，且生产成本也更低——不平衡表现在纳税人为石油公司提供补贴和没有考虑塑料污染的隐藏成本。甚至企业内部的生产基础设施如设备和供应链可能也很难改变。但是，消费者对更环保产品的需求正在日益增长，而欧洲和别的地方的政府也正在出台更严厉的环保法规，这些利好因素为改变提供了机会。在此重申，生产商必须在本世纪末之前做出改变。

消费者会接受石化塑料的后石油时代替代品吗？

消费者似乎不仅愿意，而且迫切希望购买更环保的产品，只要它们的价格不会比那些不太环保的产品高太多。随着经济向后石油时代模式转变，政府采取更多行动以抵御气候变化，消费者寻找更多的塑料替代品，对后石油时代产品的需求只会有增无减。

生物塑料已经证明，几乎所有石油基塑料的性能都可以被不含石油的替代品所拥有。纳米技术和生物技术的进步大幅提升了一些用于特殊用途的天然材料的性能，但是这些技术必须被合理应用，以免它们带来的更多是伤害而不是好处。从根本上来说，消费者喜欢的不是石化塑料本身，而是它具有的性能特点——廉价、耐用、轻质。随着新老技术和新老材料相结合来达到或超越这些特性，消费者将选择那些对人体健康和环境危害较小的产品。

这一结合将在后石油时代为设计师提供一系列新材料。正如欧林工程学院材料学副教授黛比•沙什拉博士解释的，"20世纪，化学家和化学工程师已经……研发出数千种塑料并且它们至少有上万种用途。这意味着我们需要根据每一种用途为这些石油基塑料寻找替代物，可能采用以前被忽视的可再生原料。这将是一个不同的世界。" [2]

注 释

1　European Bioplastics, "Bioplastics," 2014, http://en.european-bioplastics.org/bioplastics/

2　"Guest Informant: Debbie Chachra," WarrenEllis.com, April 25, 2012, www.warrenellis.com/?p=13968

第 25 章

设计我们的后石油时代

石油枯竭

美国石油学会曾在1972年说，"石油短缺将是依赖石油的国家不可承受之重"。今天看来，这话颇有些预感不妙的语气。如果廉价石油时代一去不复返，依赖石油的国家将会变成什么样？我们已经看到汽油价格大幅波动，以及人们对找寻更多石油的急切，但对环境却缺乏应有的关心。我们看到垃圾填埋场里堆满了有毒材料，数十亿塑料颗粒漂浮在世界各地的水道中，而那些误食它们的海洋生物，由于胃里装满这些东西而无法消化食物，被活活饿死。如果我们现在不早做准备，逐渐过上不用石油的生活，一旦石油耗尽，这样的场景只会更加触目惊心。

依赖石油的国家或许会发动战争，以维持国家正常的生产生活，如果它们还没有这样做的话。与争夺所剩无几的石油相比，1972年在加油站大排长龙、等待加油且只能限量购买的车队可能是"小儿科"。如果我们继续无视这一历史的必然，整个经济可能会陷入瘫痪，而为之服务的基础设施中的各种机械也会慢慢停止运转，因为为它们提供燃料的石油已经逐渐耗尽。

在一个快速工业化的世界里，价格和供应都会变得越来越不稳定。中国已经成为世界第二大石油进口国，但跟第一大进口国——美国相比，进口量还不到后者的一半。这已成了美国的一块"心病"，因为虽然我们最近略微减少了我们的消耗，但仍然严重依赖进口石油。当你的命运掌握在别人手里，那么你的处境就非常不妙了。"我认为全球油价稳定——对经济和安全影响巨大——面临的最大风险是中东地区较大的冲突和产油国动荡的局势"，美国外交关系协会"能源安全与气候变化计划"主管迈克尔·利瓦伊说。[1]

关于全球石油产量保持增长的假设有可能是建立在对稳定做出错误假设的基础之上的。美国能源信息署最新发布的预测报告警告，"参考情景[能源信息署视之为未来最有可能的情景]假定，石油输出国组织（OPEC）将就限制供应增长达成一致意见，而不是要获得最多的年收入。它还假定，地缘政治事件不会使OPEC国家的石油供应受到长时间冲击，而一旦这些国家的供应出现问题，会进一步限制产量增长"。最近的地缘政治冲突表明，这样的假设显然过于乐观。[2]

我们已经看到，对剩余供应的紧张感正在增强，而爆发全面战争的可能性也在日益增加。2012年，伊朗威胁要封锁霍尔木兹海峡，全世界约40%的海运石油要经由这里运送，而美国的回应就暗示了这种可能性。"我们已经斥资加强军事装备，以确保当伊朗企图阻止船只通过波斯湾的时候，我们有能力予以还击"，美国国防部长利昂•帕内塔说。他所说的军事装备包括"斯坦尼斯"号航空母舰，当他说这番话时，这艘航母正朝着波斯湾进发。[3]

当曾经看起来像科幻小说的事件在世界各地轮番上演时，石油耗尽正成为一个越来越流行的主题，出现在以"生态末日"为题材的书籍和电影中，可能是因为它听起来似乎很有道理。一些作品如詹姆斯•霍华德•孔斯特勒2008年出版的小说《手工世界》描绘了一个可怕的未来场景，即石油和塑料带来的便利演变成了全球性灾难，因为技术、商业和日常生活突然倒退到工业化前的困苦状态。电影和文学作品中描绘的后石油时代的生活场景多不胜数（且多半过于黑暗），在此不一一列举。我只想重温前能源部长詹姆斯•施莱辛格就这一话题发出的警告："如果我们不采取严肃的措施，当有一天，我们不再能够增加常规石油的产量，我们的经济可能会受到很大的冲击——随之而来的是政治动荡。"[4]

石油的耗尽不是一个会不会发生的问题，而是何时发生的问题。它的产量目前是在增加，但这是短暂的，意味着留给将来使用的量更少了。"今后一些年里，石油工业有望在石油生产和石油基础设施上投入巨资，仅未来十年就将投入约1万亿美元"，卡内基基金会发布的一份报告总结道。"要付出巨大的机会成本"。在美国，开采一桶原油消耗的能源已经是20世纪30年代时的5倍多。石油短缺和开采剩余石油的难度加大，只会推高油价。[5]

具有讽刺意味的是，与一个有取之不尽的石油及其创造的塑料的世界相比，一个没有石油的世界可能会被证明更适于居住。1945年，随着塑料开始在战后走红，化学家维克托•亚斯利和爱德华•卡曾斯设想在即将到来的"塑料时代"，生活是这样的："塑料人将来到一个多彩的、有光亮表面的世界，在这里，孩子不会打破任何东西，不会因为碰到尖锐的边边角角而被割伤或擦伤，也没有裂缝可供灰尘或细菌藏匿。"他们对塑料人生活的描述还包括："当他的生命走到尽头，他会安详地躺在用干净塑料做成的灵柩里。"对于塑料人的最终结局，杜邦公司的化学家和尼龙的发明人之一朱利安•希尔则说得非常直接："我认为人类将在塑料中窒息而死。"[6]

今天的塑料人在婴儿时期嘴里含着的可能是用有毒双酚A制成的塑料奶嘴，而当他死后，骨灰会被放到塑料骨灰盒里，但是，由于石油供应逐渐减少，亚斯利和卡曾斯想象的塑料天堂可能不会成为现实。随着石油耗尽大限的日益临近，

图25.1：波西亚·门森的"粉红项目"
塑料在现代社会无处不在，这在纽约艺术家波西亚·门森的"粉红项目"中得到了很好的体现。门森使用数千个被丢弃的粉红物品，来唤起人们对"女性气质和女性童真营销"的注意。图片由波西亚·门森提供。

问题是我们是眼睁睁地看着它一步步靠近而坐视不理，还是趁还有时间的时候把握未来的主动权？如果我们等着靠供应减少来降低我们的石油消耗，那就太迟了。后石油时代的设计师正致力于减少我们对石油的使用。他们的工作是主动地设计我们的产品、我们的城市——所有的一切——从而让我们不必面临生存困境，并让所有人过上更健康、更可持续的生活。

专家建议，我们也应该将尽可能多的石油留在地下，因为光是燃烧我们已经储备的那些，就会向大气排放大量的二氧化碳。石油公司掌控的储量，他们指出，是"我们能安全地燃烧的量的5倍"。按照他们的看法，石油储量就如同储备的核武器；如果我们使用它们，我们就是在自取灭亡。[7]

后石油时代的生活

石油峰值带来塑料峰值。这意味着我们周围的物质世界的许多方面必将发生改变。

（黛比·沙什拉，欧林工程学院材料学副教授）[8]

整个20世纪，我们的生活都由石油来主宰。它指挥着我们前进的方向，它为我们的经济发展提供燃料，甚至我们用来生产各种日常用品的塑料也是用它制成的。我们以惊人的速度将它耗尽，并且我们也逐渐看到它的开采、提炼和消耗所产生的影响。石油为发动机提供燃料，但我们却对它的不可再生性和它的负面影响视若无睹。不过，这些影响的产生并不是石油的错，它毕竟只是一种惰性材料。我们有各种各样的需求，而石油恰好能满足这些需求。现在，不管我们的能源工业和汽车工业能达到多高的效率，我们仍然需要大幅减少塑料工业的碳足迹，尤其是考虑到我们对塑料的使用大约每13年就增长1倍。[9]

石油给了我们征服自然的力量，它还为我们提供了一种新的"神奇的材料"——塑料。"自20世纪初以来"，塑料历史学家杰弗里·L·米克尔写道，"塑料的出现意味着人类对自然的控制能力更强了"。但是他继续写道，"到20世纪60年代末，塑料一词在美国文化中成了一种复杂的隐喻，暗示了物质主义和缺乏技术创新的未来的危险性"。[10]

可能自21世纪初以后，后石油时代的设计将表示人与自然相处更和谐了。虽然后石油时代的生活将和现在大不相同，但是我们产品的性能却不会像沙什拉教授所说的变化那么大，她说的是，"我们周围的物质世界的许多方面必将发生改变"。总有一天，生物塑料和其他替代材料具有的性能让它们可以替代今天的石油基塑料。但是它们的材料采集、加工、使用和使用寿命结束后的影响都会截然不同。我们不再将不可再生的、经过数千年时间才形成的石油从地下开采出来，有时掺入有毒的添加剂，并填埋大多数的最终产品，而是采用可再生的、无毒的材料，以环保的方式对其进行加工并制成对健康有益的产品，我们会爱护这样的产品，而在它们的使用寿命结束后，会进行再利用、循环利用或作堆肥处理。

在我们的周围，随处可以见到变化发生的迹象，不仅仅是像这本书里所描述的那样。这里所设想的积极的后石油时代不仅有新材料和新的设计技术，而且还为我们已经积累的数百万吨塑料垃圾创造了新的用途。因为石化塑料是地球上包含能量最多的材料之一，通过采用比今天使用的焚烧处理更高效和更安全的焚烧方式，甚至更可持续的生物转化（使用吃塑料的细菌），或者尚未被开发的技术，其中的许多将被转化为燃料。我们会在垃圾填埋场里对塑料垃圾进行开采，将其转化为能源或新材料；甚至还会在海洋里用拖网打捞它们，把今天污染海洋的大量碎片清理干净。而仍然在流通中的塑料制品将会被回收，但是回收利用率比我们迄今为止所达到的少得可怜的8%要多得多。借助纳米技术和生物技术，如果它们以可持续的方式进行管理，我们可以开发出特性令塑料望尘莫及的新材料。[11]

今后100年，我们今天扔掉的塑料垃圾将仍然存在；但用来生产新塑料的数量充足的石油却已经成为了历史。它也不再能为我们的小汽车和工业机械提供动力。那么我们该如何生活？我们不得而知，但有一点是可以肯定的。我们的生活里将不会再有石油。问题是，转型会是怎样的？我们是继续无视不可逆转的发展趋势——石油的耗尽比我们预想的要快？还是会因为拒绝接受现实而面临大灾难——石油供应的戛然而止和随之而来的对经济的冲击？或者我们会积极正面地应对，承认石油将不可避免地消耗殆尽，并设计一个摆脱了石油及其对环境和健康影响的，更清洁、更健康的世界，让我们可以重建和修复地球的资源？我们拥有可以马上行动的一切技术和专业知识。后石油时代的设计师已经在行动了。

设计后石油时代

产品的设计决定了它们的环境绩效。记住这一点，那么后石油时代的设计反映的设计理念的变化要远远大过材料或过程的变化。1957年，哲学家罗兰·巴特参观一场塑料展时，捕捉到了这一被称为塑料的新的"神奇的物质"和它蕴含的设计理念的奇妙之处。"它不仅仅是一种物质"，他写道，"塑料代表了设计理念的转变……事实上，这正是它成为一种神奇的物质的原因：奇迹的出现总是因为自然界发生了突然的变化。塑料不仅是一种物质，更代表了一场运动"。[12]

今天，巴特如果在世的话，他将亲眼见证塑料作为革命的对象，这是设计带来的变革。这一向后石油时代设计的转变保留了他在1957年称赞的材料所具有的最佳特性——它的适应性、广泛的应用、低廉的成本，"魔术般的物质"，巴特惊叹道——但是没有石化塑料的有害影响，因为新的塑料材料是生物塑料、天然替代品和尚未被研发出来的材料。

如果塑料"不仅是一种物质，更代表了一场运动"，那么这一说法对于后石油时代的塑料来说也同样适用。但是，后者掀起的运动有望与自然实现和解，而不是与之相对立。基于对自然的敬畏，后石油时代设计的许多产品让人想起夏克式家具或者被称为"民间艺术"的日本手工艺品。"任何一件物品的生产，都是特定社会背景的反映"，已故的日本民艺馆原总监柳宗理曾这样说道。"为了制作出一件精美的物品，生产者、使用者以及他们之间的整个配送网络都必须是健康的。"[13, 14]

因为使用者、生产者、材料和过程构成了缺一不可的整体，我在这本书里强调要考虑全生命周期，而不仅仅是设计阶段。我重点关注后石油时代的设计师，

好工具也要善加利用

工具是手的延伸，扩大了人类的活动范围。不仅仅是对外征服侵略——当我们以此为目的时，使用技术常常会打乱我们的生活。但是，技术能否让我们对内直达内心，帮助我们更好地认识我们自己、我们在社会中扮演的角色，以及我们在生物界所处的位置？我认为它可以做到。首先，它让我们告别了无工具傍身、茹毛饮血的野蛮人生活，逐渐走向文明开化。甚至温德尔·贝里和其他对高科技持批评意见的人也不得不接受某些工具，因为它们能提高我们的生活质量。好的工具帮助我们过上更好、更健康的生活。

但是，它们能做的不仅仅是简化单调乏味的手工劳动。它们帮助我们完善我们自己。一把精巧的木刨在使用过程中让我们与我们作品的来源——材料产生了更深入的联系，并激发我们的灵感和创造力。甚至一部扫描电子显微镜都是一个奇迹，开拓了我们的眼界，让我们看到了一个以前未曾看过的世界，并帮助我们用以前想都不敢想的方式来学习和创造。发挥想象力和创造力，它可以帮助我们解决问题，并显著提高生活质量。

重要的是我们应用工具和技术的目的是什么。我们想要实现什么样的目标？这一目标为什么重要？它可以帮到谁？它是否会造成危害？随着我们的工具变得越来越强大，我们需要时不时地问一问自己这些问题。没有正确的指导，一把精巧的木刨也会割伤手指头。转基因生物技术的应用如果考虑不周，可能会带来更大的危害。说到这里，我不禁想起了我的岳父——一位虔诚的基督教徒在饭前祷告的最后常说的一句话："请保佑我们善用您赐予我们的礼物。"阿门。[16]

并让他们讲述他们自己的故事，同时也介绍了他们工作的通用原则和态度。后石油时代的设计师尊重传统工艺如震颤派（家具风格流派之一，其所制作的家具称为"夏克式家具"，以形式简洁而闻名——译者注）和日本民间艺术，同时用最新的材料和生产技术将它们发扬光大；不是要走回头路或者复制传统形式，而是推陈出新。正如柳宗理所说，现代设计师和生产商面临的挑战是提取民间工艺的精神内核，并结合现代的、变化的环境赋予它新的元素。[15]

许多年前，我遇到过一位日本木工，他对技能的定义是"悉心呵护的能力"。他的见解深深触动了我，正是由于这一决定性特质，日本传统工艺如"民间艺术"才深受人们的喜爱。石油和塑料并不是妖魔；借助它们，我们达到了前

图25.2：身穿Armadillo MerinoT恤的美国宇航局航天员
两名宇航员在国际空间站内打闹，他们身上穿的是Armadillo Merino公司生产的美利奴羊毛T恤。图片由Armadillo Merino公司提供。

所未闻的繁荣程度。但是，我们现在才刚刚开始学习如何更巧妙地使用我们的资源——学习充分运用悉心呵护的能力，也只有这样，我们才能够可持续地生活下去。我们现在所掌握的技术让我们可以生产出大量商品，替代以前的传统手工制品。我们是否有技能设计产品和过程，以证明我们拥有悉心呵护的能力？我们拥有生产生物塑料制品的技术，这些产品可以媲美自20世纪起沿用至今的塑料制品。我们可以用生物材料生产服装，它们跟用聚酯纤维做的服装一样舒服、轻质和防风雨。我们可以模仿甚至超越我们喜欢用的塑料制品的性能，但没有所有它们不受欢迎的影响。这完全取决于我们的意图，取决于设计。

我们在创建后石油时代的世界时，将运用与前石油时代的世界完全不同的设计策略、工具和材料。负责任管理的纳米技术和生物技术将可能发挥作用，尚待开发的新技术也是如此。用创新的蘑菇材料生产包装、建筑材料和其他产品的公司Ecovative的工作就是一个很好的例子（第10章）。当我问这家公司的联合创始人埃本·拜耳，他的公司采用的环保方法与纳米技术有何不同时，他回答道，

> 我知道纳米技术是德雷克斯勒在20世纪80年代首先提出的，这是一个充满光明前景的领域。上大学的时候，有一天我意识到，当你思考自然界的生命系统时，其实有很多分子纳米技术已经被运用到一些非常独特的装置中。我们在Ecovative正在做的一部分工作是确认有某种非常复杂的设备可供使用，并且可以想办法围绕着它建立系统，以新的方式对它加以利用。

图25.3：乔恩·科恩在制作木制冲浪板
冲浪爱好者和自由撰稿人乔恩·科恩在用经数控机床切割的当地木材制作木制冲浪板。图片由木制冲浪板公司提供；摄影：尼克·拉韦基亚。

我们正在用丝状真菌[他们的蘑菇材料的基础]这种固态培养菌做这件事。我们并非试图将一种生物分解，以使之具有某种新的特性，而是顺应它的生长规律，即它长出这一结构基质，同时分泌酶，以分解物质如木质素和纤维素，从而继续生长并形成复合材料。从某种意义上说，我们是幸运的，因为它具有这些特性。而从另一方面来看，我认为我们有机会利用像这样的活细胞，即存在于自然界之中的复杂细胞，来做复杂的工作。我将这视为分子纳米技术。[17]

通过创新过程来使用天然材料也是Armadillo Merino工作的根本遵循，这家公司采用新的纺纱技术，用美利奴羊毛生产涉险行业人员的贴身防护衣（第15章）。该公司只选用最细的美利奴羊毛纤维，每根纤维的厚度还不到人类发丝厚度的1/3，因此确保在贴身穿时让人感觉极为柔软和舒服。通过采用超细纤维，

Armadillo能够将45根纤维紧密地纺成一根纱，显著增强了纤维的强度和耐用性。最后，羊毛具有天然的阻燃性，这给它的使用者带来了又一个好处——防火。先进技术与天然材料的结合预示着未来的发展趋势。或许这是为什么美国宇航局选择让它的宇航员穿Armadillo Merino公司生产的T恤的原因所在。

和Armadillo Merino公司、Ecovative公司以及本书提及的其他设计师一样，木制冲浪板公司也是新的后石油设计时代的代表。该公司使用当地可持续的木材，并在当地开办工作坊，让人们可以亲手制作冲浪板，但要使用公司提供的零部件，这些零部件的生产巧妙地结合了数控机床技术，既能保证不失传统木质阿拉亚冲浪板的所有优点，又对其进行了改进，使其重量更轻、性能更佳、制作速度更快且制作成本更低（第12章）。

这就是后石油时代设计的精神实质；不是仅仅依赖天然材料和手工艺——否则就是历史的倒退——而是让新技术和新材料走到前头，只要它们不违背自然法则。世界各地的人们正在更有意识地运用这些法则来设计、生产和生活。这场运动正在所有层面展开，从生产电动汽车的主要汽车制造商到拒绝在超市使用塑料袋的个人。政府往往是最晚对环境危机做出回应的，但它们也在采取行动了。这些个人、企业和政府行动的共同点是致力于通过后石油时代的设计和生产来减少我们对石油的依赖。公司接纳它，是想要通过对环境做对的事来建立消费者忠诚度；个人需要它，则是为地球和子孙后代的健康着想。政府认识到后石油时代的设计能够保证能源独立和安全；甚至美国陆海空三军都发誓，到2040年完全不用石油。[18]

后石油时代的设计，及其依赖天然、可再生材料，加工过程低能耗和可以减少废弃物的特点，为我们做再造工作提供了机会。材料的流动将与自然界的循环保持一致，而不是仅仅被消耗掉。一个过程的产物将成为另一过程的原料。资源如经过数千年时间才形成的石油和煤炭还能用上几千年，不会还不到200年就被耗尽。石油和煤炭将尽可能地被留在地下，考虑到它们在使用时会带来危害。人们使用的材料和能源不仅仅可再生，而且数量还会大大增加，确保在未来有持续的供应。我们将重新充实和治愈我们的星球，并且通过帮助所有生物繁衍生息来壮大我们自己。但是，这一治愈过程不会自然而然地发生；只能通过设计来使它发生。它也将会发生。我是怎么知道的？巴克敏斯特·富勒给出了最好的回答："预测未来的最好方法就是设计它。"

注 释

1 Stafford, James, "Falling Oil Prices and the Shale Boom: An Interview with Michael Levi," OilPrice.com, December 5, 2012, http://oilprice.com/Interviews/Falling-Oil-Prices-and-the-Shale-Boom-An-Interview-with-Michael-Levi.html

2 U.S. Energy Information Administration, "International Energy Outlook 2014," www.eia.gov/forecasts/ieo/more_overview.cfm

3 Rayment, Sean, "Armada of International Naval Power Massing in the Gulf as Israel Prepares an Iran Strike," *The Telegraph* online, September 15, 2012, www.telegraph.co.uk/news/worldnews/middleeast/iran/9545597/Armada-of-international-naval-power-massing-in-the-Gulf-as-Israel-prepares-an-Iran-strike.html

4 "James R. Schlesinger's Statement before the United States Senate," November 16, 2005, PlanetForLife.com, http://planetforlife.com/oilcrisis/oilschlesinger.html

5 Gordon, Deborah, "Understanding Unconventional Oil," Report, Carnegie Endowment, Washington, DC, 2012, http://carnegieendowment.org/files/unconventional_oil.pdf; Nelder, Chris, "Watts Up, Vaclav? Putting Peak Oil and the Renewables Transition in Context," GreentechMedia.com, June 5, 2013, www.greentech-media.com/articles/read/watts-up-vaclav

6 Yarsley, V.E. and Couzens, E.G., *Plastics*, Harmondsworth: Penguin Books, 1945; Allen, Henry, "Their Stocking Feat: Nylon at 50 & the Age of Plastic," *Washington Post*, January 13, 1988.

7 McKibben, Bill, "The Great Carbon Bubble: Why the Fossil-fuel Industry Fights so Hard," *Grist*, February 7, 2012, http://grist.org/fossil-fuels/the-great-carbon-bubble-why-the-fossil-fuel-industry-fights-so-hard/

8 "Guest Informant: Debbie Chachra," WarrenEllis.com, April 25, 2012, www.warrenellis.com/?p=13968

9 PlasticsEurope, "Plastics—the Facts 2012: An Analysis of European Plastics Production, Demand and Waste Data for 2011," Report, www.plasticseurope.org/documents/document/20121120170458-final_plasticsthe-facts_nov2012_en_web_resolution.pdf

10 Meikle, Jeffrey L., *American Plastic: A Cultural History*, New Brunswick, NJ: Rutgers University Press, 1997.

11 Wirthman, Lisa, "How a Company Recycles Ocean Plastic Twice the Size of Texas," Forbes.com, March 14, 2013, www.forbes.com/sites/ups/2013/03/14/how-a-company-recycles-ocean-plastic-twice-the-size-of-texas/; White, Ronald D., "Neville Browne Sees Great Future in Plastic Bottle Recycling," *Los Angeles Times* online, September 20, 2013, www.latimes.com/business/la-fi-himi-brown-20130922,0,1400270.story#axzz2nrfXSK8l; "Biobased Materials: Essential for the Next Generation of Products," Sustainable Biomaterials Collaborative, www.sustainablebiomaterials.org/

12 Barthes, Roland, *Mythologies*, New York: Hill and Wang, 1957.

13 Andrews, Edward Deming and Andrews, Faith, *Religion in Wood: A Book of Shaker Furniture*, Bloomington: Indiana University Press, 1966.

14 *Kindred Spirits: The Eloquence of Function in American Shaker and Japanese Arts of Daily Life*, San Diego, CA: Mingei International, 1995.

15 Ibid.

16 Elvin, George, "Good Tools, Right Use," Green Technology Forum, June 12, 2007, www.greentechforum.net/green-technology-forum/2007/6/12/good-tools-right-use.html

17 Author interview.

18 Elvin, George, "U.S. Armed Forces to Go Petroleum-free by 2040," Green Technology Forum, March 29, 2012, http://gelvin.squarespace.com/green-technology-forum/2012/3/29/us-armed-forces-to-go-petroleum-free-by-2040.html